T0128349

**essentials**

*essentials* liefern aktuelles Wissen in konzentrierter Form. Die Essenz dessen, worauf es als „State-of-the-Art" in der gegenwärtigen Fachdiskussion oder in der Praxis ankommt. *essentials* informieren schnell, unkompliziert und verständlich

- als Einführung in ein aktuelles Thema aus Ihrem Fachgebiet
- als Einstieg in ein für Sie noch unbekanntes Themenfeld
- als Einblick, um zum Thema mitreden zu können

Die Bücher in elektronischer und gedruckter Form bringen das Expertenwissen von Springer-Fachautoren kompakt zur Darstellung. Sie sind besonders für die Nutzung als eBook auf Tablet-PCs, eBook-Readern und Smartphones geeignet. *essentials:* Wissensbausteine aus den Wirtschafts-, Sozial- und Geisteswissenschaften, aus Technik und Naturwissenschaften sowie aus Medizin, Psychologie und Gesundheitsberufen. Von renommierten Autoren aller Springer-Verlagsmarken.

Weitere Bände in der Reihe http://www.springer.com/series/13088

Martin Hinsch

# Die ISO 9001:2015 – das Wichtigste in Kürze

## Die Norm für den betrieblichen Alltag kurz, knapp und verständlich erklärt

Martin Hinsch
Hamburg, Deutschland

ISSN 2197-6708 ISSN 2197-6716 (electronic)
essentials
ISBN 978-3-658-24829-1 ISBN 978-3-658-24830-7 (eBook)
https://doi.org/10.1007/978-3-658-24830-7

Die Deutsche Nationalbibliothek verzeichnet diese Publikation in der Deutschen Nationalbibliografie; detaillierte bibliografische Daten sind im Internet über http://dnb.d-nb.de abrufbar.

Springer Vieweg


Springer Vieweg ist ein Imprint der eingetragenen Gesellschaft Springer Fachmedien Wiesbaden GmbH und ist ein Teil von Springer Nature
Die Anschrift der Gesellschaft ist: Abraham-Lincoln-Str. 46, 65189 Wiesbaden, Germany

# Was Sie in diesem *essential* finden können

- Erklärung wesentlicher Merkmale und Schwerpunkte der ISO 9001:2015
- Darstellung des inhaltlichen Aufbaus/der Gliederung, insbesondere der High Level Structure
- Erläuterung der wichtigsten Begriffe und Definitionen
- Kurze, prägnante Erklärung der für den betrieblichen Alltag relevanten Anforderungen der ISO 9001:2015 in gleicher Kapitelstruktur wie die Norm
- Nützliche Tipps, um die Normenanforderungen in Ihr QM-System zu übertragen

# Vorwort

Die Reihe *essentials* des Springer Verlags zielt auf Anwender aus der Praxis, die schnell anwendbares Wissen kompakt aufgearbeitet suchen und dabei einen Überblick in eine komplexe Thematik gewinnen wollen. Dies gilt auch für das vorliegende Buch, welches die Inhalte der ISO 9001:2015 in Kürze wiedergibt. Einsteiger oder Nutzer mit wenig Normenkenntnissen können dieses Büchlein gleichermaßen als Einführung oder Refresher in die weltweit bedeutendste Management-Systemnorm heranziehen.

Jedes einzelne Normenkapitel wird dazu thematisiert und mit den wichtigsten Anforderungen des betrieblichen Alltags erklärt. Ziel dieses Büchleins ist es, dem Leser in Kürze einen Einblick in die Anforderungen der ISO 9001:2015 zu vermitteln. Es richtet sich damit vor allem an jene QM-Interessierte, die ein grundlegendes Verständnis zur Norm kurz, knapp, präzise über alle für den betrieblichen Alltag relevanten Anforderungen erlangen möchten. Dass bei einem Kompaktwerk bisweilen die Detailtiefe leidet, erklärt sich von selbst. Hierzu verweise ich den Leser auf mein bekanntes Grundlagenwerk „Die ISO 9001:2015 – Ein Ratgeber für die Einführung und tägliche Praxis".

Mein besonderer Dank gilt Herrn Nils Aue, der mit seinen vorbereitenden Tätigkeiten einen wichtigen Beitrag zum Gelingen dieses Textes beigetragen hat.

Hamburg
Januar 2019

Prof. Dr. Martin Hinsch

# Inhaltsverzeichnis

# 1 Einleitung

Dieses Büchlein ist in zwei wesentliche Teile gegliedert. Zunächst werden der Aufbau und die Grundprinzipien der ISO 9001:2015 vorgestellt. Zudem wird in Kap. 3 der Zertifizierungsprozess in Grundzügen erklärt.

Der zweite Teil widmet sich dann dem eigentlichen Normeninhalt auf Kapitelebene. Alle Normenkapitel inkl. der wichtigen, für den betrieblichen Alltag notwendigen, Anforderungen werden kurz und alltagsverständlich erklärt. Der Einfachheit halber ist der Text im zweiten Hauptteil analog zur Struktur der ISO 9001 gegliedert. Wo immer anwendbar, wurde dieses Vorgehen bis auf Aufzählungsebene angewendet.

Aus urheberrechtlichen Gründen war das Abdrucken des Normen-Originaltextes nicht möglich. Insoweit ist dieses Buch nur eine Ergänzung, jedoch keine Alternative zum eigentlichen ISO 9001:2015-Text.

Im Zuge der Norm werden häufig „angemessene" Bedingungen gefordert, wobei dieser Begriff dem Laien oft zu nebulös und wenig spezifisch ist. Angemessen bedeutet

- entsprechend der Kundenanforderungen,
- entsprechend des Industriestandards (z. B. anerkannt durch Normen und branchentypisches Vorgehen),
- entsprechend eines Good Workmenships (allgemein übliche Arbeitsausführung),
- einer termingerechten und konformen Leistungserbringung nicht im Wege stehend.



M. Hinsch, *Die ISO 9001:2015 – das Wichtigste in Kürze*, essentials,
https://doi.org/10.1007/978-3-658-24830-7_1

# 2 Grundlagen, Struktur und Kerncharakteristika

## 2.1 Grundlagen und Struktur

Der ISO 9001 liegt der Gedanke zugrunde, dass ein durch Dritte nachvollziehbares QM-System die beste Voraussetzung für ein angemessenes Qualitätsniveau darstellt. Die Norm benennt daher von der spezifischen Leistungserbringung (Produkt oder Dienstleistung) und der Größe der Organisation unabhängige Mindestanforderungen, um so einen einheitlichen und vergleichbaren Qualitätsstandard zu ermöglichen.

Die Ausrichtung bzw. Zertifizierung nach dem 9001-Standard dient dabei dem Ziel,

- durch ein effektives QM-System mit effizienten Prozessen und dessen ständiger Bewertung eine nachhaltige Wettbewerbsfähigkeit zu schaffen und aufrecht zu erhalten.
- Verbesserungen am QM-System ständig und systematisch zu planen, umzusetzen und zu bewerten.
- dass sich die Organisation immer wieder mit eigenen Fehlern, Schwachstellen und Verschwendung auseinandersetzt, um Ursachen nachhaltig abzustellen.

Inhaltlich bleibt die ISO 9001 überwiegend unspezifisch. Die Norm legt zwar fest, *was* am Ende umzusetzen ist, nicht aber, *wie* Prozesse und Arbeitsschritte im Detail ausgestaltet sein müssen. Es werden keine Tools, Instrumente oder Umsetzungsmethoden vorgegeben, sondern nur die Anforderungen an den Output. Die Norm überlässt also die detaillierte inhaltliche Prozessausgestaltung, also die Wahl der Mittel, der Organisation.



M. Hinsch, *Die ISO 9001:2015 – das Wichtigste in Kürze,* essentials,
https://doi.org/10.1007/978-3-658-24830-7_2

### 2.1.1 High Level Structure

Alle Managementsystem-Normen haben eine einheitliche Aufbaustruktur, die sog. High Level Structure. Das bedeutet, dass die erste und in den meisten Hauptkapiteln auch die zweite Gliederungsebene in allen wichtigen Systemnormen identisch sind. Ob ISO 9001, EN 9100, TS 16949, ISO 14001 (Umwelt), OHSAS 18001 (Arbeitssicherheit) oder die ISO/IEC 27001 (Informationstechnik), sie alle und noch weitere Normen haben eine einheitliche Basiskapitelstruktur entsprechend der Gliederung im Rahmen.

**High Level Structure für ISO-Managementsysteme**

**4 Kontext der Organisation**
4.1 Verstehen der Organisation und ihres Kontextes
4.2 Verstehen der Erfordernisse und Erwartungen interessierter Parteien
4.3 Festlegen des Anwendungsbereichs des Qualitätsmanagementsystems
4.4 XXX [Anforderungen des jeweiligen] Managementsystem

**5 Führung**
5.1 Führung und Verpflichtung
5.2 Politik
5.3 Rollen, Verantwortlichkeiten und Befugnisse in der Organisation

**6 Planung**
6.1 Maßnahmen zum Umgang mit Risiken und Chancen
6.2 XXX [Anforderungen des jeweiligen Managementsystems] Ziele und Planung zur deren Erreichung

**7 Unterstützung**
7.1 Ressourcen
7.2 Kompetenz
7.3 Bewusstsein
7.4 Kommunikation
7.5 Dokumentierte Information

**8 Betrieb**
8.1 Betriebliche Planung und XXX [Anforderungen des jeweiligen Managementsystems]

**9 Bewertung der Leistung**
9.1 Überwachung, Messung, Analyse und Bewertung
9.2 Internes Audit
9.3 Managementbewertung

**10 Verbesserung**
10.1 Allgemeines
10.2 Nichtkonformität und Korrekturmaßnahmen

Damit einhergehend sind punktuell auch die Normentexte und Begrifflichkeiten angeglichen. Die High Level Structure erleichtert Betrieben und Auditoren bei Mehrfach-Zertifizierungen die Arbeit, weil sie eine konsolidierte Darstellung des eigenen Qualitätsmanagements vereinfacht. Verschiedene Normen lassen sich innerbetrieblich besser miteinander verzahnen und müssen nicht isoliert nebeneinander herlaufen. Dabei besteht für die Betriebe jedoch keine Verpflichtung die High Level Structure für das eigene QM-System zu adaptieren, solange nur die jeweiligen Normenanforderungen erfüllt werden.

## 2.2 Kerncharakteristika der ISO 9001:2015

### 2.2.1 Prozessorientierung

Die ISO 9001 verfolgt seit ihrer großen Revision im Jahr 2000 den Ansatz des prozessorientierten Qualitätsmanagements, welcher mit der aktuellen Revision nicht nur übernommen, sondern dahin gehende Anforderungen in ihrer Neufassung nochmals verschärft wurden. Für eine ISO-Zertifizierung ist daher ein grundlegendes Verständnis des prozessbasierten Organisationsaufbaus mehr denn je nötig.

Durch diese Herangehensweise fordert und fördert die Prozessorientierung die stärkere Auseinandersetzung mit den betrieblichen Abläufen und Zuständigkeiten. Die Organisation wird nachvollziehbarer gemacht und erleichtert so die Übersichtlichkeit und Verständlichkeit der Ablaufstrukturen. Die Mitarbeiter erkennen ihren Platz innerhalb der für sie relevanten Prozesse, wie auch innerhalb der gesamten Wertschöpfungskette.

Für den Erfolg des prozessorientierten Ansatzes und damit auch für das Bestehen des Zertifizierungsaudits ist es wichtig, dass sich ein innerbetrieblicher Regelkreis zwischen den eingehenden Kundenforderungen (Input) und der ermittelten Kundenzufriedenheit (mittelbarer Output) etabliert. Die ISO 9001:2015 setzt dazu die Umsetzung des Deming'schen PDCA-Zyklus (Plan-Do-Check-Act) voraus (vgl. Abb. 2.1).

Dabei muss sich die Prozessorientierung auch in der QM-Dokumentation wiederfinden. Den Ausgangspunkt bildet dabei eine Prozesslandkarte, um einen

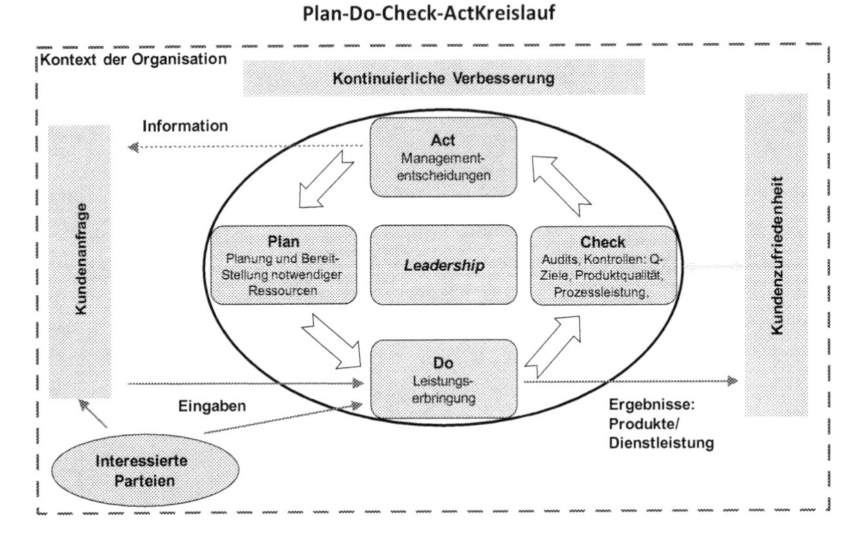


**Abb. 2.1** Der Plan-Do-Check-Act-Kreislauf (PDCA). (Hinsch 2015)

Gesamtüberblick über die Organisation und deren Kernprozesse zu erhalten. Auf der zweiten Ebene, die der Beschreibung einzelner Prozesse dient, werden z. B. Flow-Charts, Fluss- bzw. Ablaufdiagramme oder Schildkrötendiagramme herangezogen. Aufgaben, Abläufe und Vorgänge, die bei einem funktionsorientierten Ansatz in Prosa zusammengefasst waren, werden hier in Prozessdarstellungen visuell aufgeteilt und werden so schneller erkennbar. Wichtig ist dabei, dass die Mitarbeiter in solche Darstellungsform eingewiesen werden. Sie müssen ihre Rollen, Tätigkeiten und Schnittstellen wiederfinden und verstehen, wie ihr Handeln in die gesamte betriebliche Wertschöpfung eingebunden ist.

## 2.2.2 Risikobasierter Ansatz

Die ISO 9001:2015 fordert in Abschn. 6.1 ein risikobasiertes Denken und Handeln innerhalb der Organisation. Ziel ist die strukturierte Auseinandersetzung mit den betrieblichen Risiken, insbesondere solchen, die direkten oder indirekten Einfluss auf die Organisationsziele haben. Hierzu zählen Prozessrisiken, Risiken in Kunden- und Lieferbeziehungen, Abhängigkeiten von Mitarbeitern, Maschinenausfallrisiken, Planungsrisiken, etc.

Als Bestandteil des QM-Systems ist das risikobasierte Handeln eine Führungsaufgabe und muss überdies gesamtbetrieblich verankert sein. Die Norm gibt indes nur wenige Informationen zu Art und Umfang der erwarteten Risikoorientierung. In jedem Fall muss die Geschäftsleitung sicherstellen, dass ein Prozess oder -verteilt- punktuelle Prozessbestandteile etabliert sind, die die bewusste Identifizierung, Bewertung und Steuerung von Gefahren ermöglicht. Zu den wesentlichen Aufgaben gehört es, Risiken rechtzeitig zu erkennen und durch gezielte Maßnahmen unter Kontrolle zu halten bzw. wo immer möglich, zu eliminieren.

### 2.2.3 Kundenorientierung

Nicht nur in zahlreichen betriebswirtschaftlichen Managementansätzen, sondern auch in der ISO 9001 bildet die Kundenorientierung ein Kerncharakteristikum. Hierzu sind in Abschn. 5.1.2 einige Basisanforderungen formuliert.

Ziel ist es, den Kunden in den Mittelpunkt des betrieblichen Handelns zu stellen. Wesentlicher Baustein für eine erfolgreiche Kundenorientierung bildet dazu die konsequente Prozessausrichtung der eigenen Organisation. Die heutigen Grundbedürfnisse der Kunden wie Flexibilität, kurze Reaktionszeiten und niedrige Preise lassen sich nur erfüllen, wenn die eigenen betrieblichen Prozesse sauber abgestimmt und störungsfrei miteinander verzahnt sind.

Eine strukturierte Kundenorientierung (Abschn. 8.2) wird dabei insbesondere im Vertriebsbereich gefordert, weil dort der Kundenkontakt naturgemäß besonders intensiv ist. Aber auch die Kundenbetreuung nach Vertragsabschluss bedarf klar definierter Vorgehens- und Verhaltensweisen, insbesondere bei nachträglichen Änderungen an der Beauftragung.

Um dem „C" (Check) des PDCA Zyklus gerecht zu werden, gibt überdies Abschn. 9.1.2 Einblicke zur Messung der Kundenzufriedenheit.

# 3 Der Zertifizierungsprozess

## 3.1 Vorbereitung des Zertifizierungsaudits

Das Zertifizierungsaudit bildet den letzten, entscheidenden Abschnitt auf dem Weg zum ISO 9001 Zertifikat (Ablauf s. Abb. 3.1). Davor steht jedoch ein längerer Entscheidungsprozess der Geschäftsleitung bei dem das Für und Wider einer Zertifizierung abgewogen wird. In dieser Phase muss sich vor allem der QM-Verantwortliche bereits intensiv mit der angestrebten Norm inhaltlich auseinandersetzen.

Nach der Entscheidung zugunsten einer Zertifizierung folgen etwa drei bis zwölf Monate für die betriebliche Umsetzung der Normenanforderungen. Dazu ist es notwendig, die Anforderungen der ISO 9001 im Detail zu studieren, um bestimmen zu können, wo Handlungsbedarf besteht. Hierzu kann eine Vergleichsliste (Cross-Reference-Liste) hilfreich sein. In einer solchen Übersicht werden dann jene Normanforderungen, die bereits erfüllt sind, mittels objektiven Nachweisen (Dokumente, Aufzeichnungen etc.) als „erledigt" gekennzeichnet. Dort, wo Defizite bestehen, werden indes Termine und Verantwortlichkeiten für die Umsetzung sowie ggf. weitere Bemerkungen hinterlegt.

Erfahrungsgemäß bestehen die größten Handlungsbedarfe beim qualitätsorientierten Selbstverständnis und der angemessenen Verbreitung einer Qualitätskultur sowie bei der Dokumentation und deren Nutzung in der betrieblichen Praxis sowie bei Qualitätspolitik, Qualitätszielen und deren Verfolgung.



M. Hinsch, *Die ISO 9001:2015 – das Wichtigste in Kürze,* essentials,
https://doi.org/10.1007/978-3-658-24830-7_3

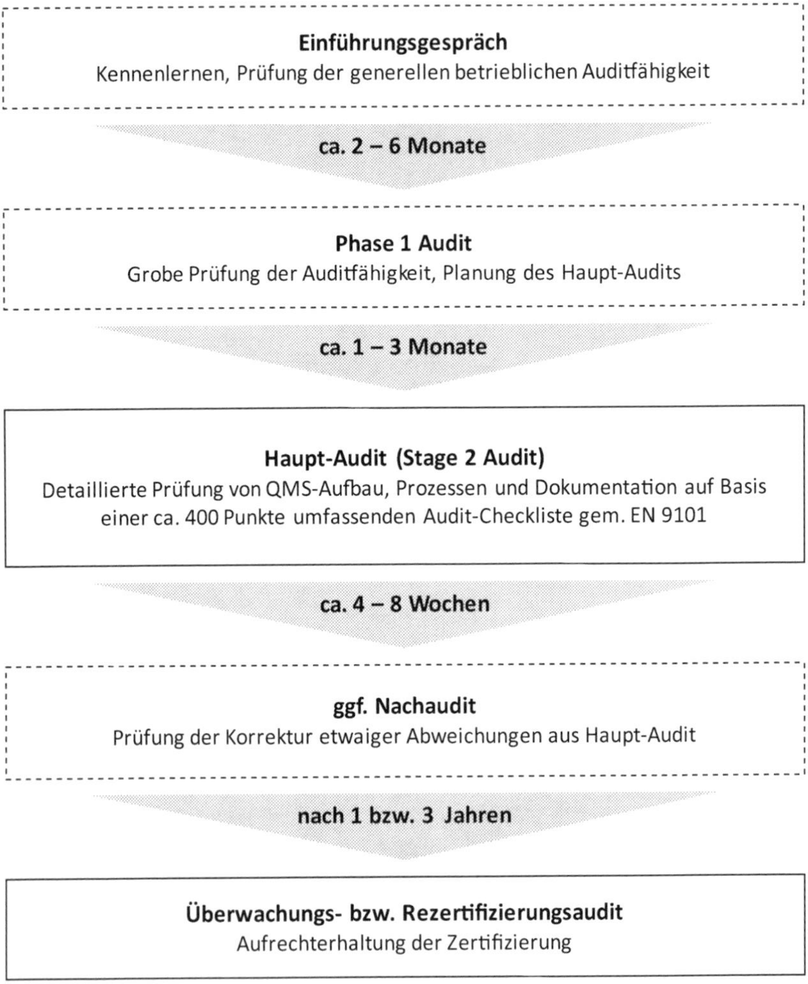

**Einführungsgespräch**
Kennenlernen, Prüfung der generellen betrieblichen Auditfähigkeit

**ca. 2 – 6 Monate**

**Phase 1 Audit**
Grobe Prüfung der Auditfähigkeit, Planung des Haupt-Audits

**ca. 1 – 3 Monate**

**Haupt-Audit (Stage 2 Audit)**
Detaillierte Prüfung von QMS-Aufbau, Prozessen und Dokumentation auf Basis einer ca. 400 Punkte umfassenden Audit-Checkliste gem. EN 9101

**ca. 4 – 8 Wochen**

**ggf. Nachaudit**
Prüfung der Korrektur etwaiger Abweichungen aus Haupt-Audit

**nach 1 bzw. 3 Jahren**

**Überwachungs- bzw. Rezertifizierungsaudit**
Aufrechterhaltung der Zertifizierung

**Abb. 3.1** Ablauf eines dreijährigen Auditzyklus. (In Anlehnung an Hinsch 2015, S. 313)

### 3.1.1 Dokumentation

Einen wesentlichen Teil der Vorbereitung bildet die Erstellung der QM-Dokumentation. Neben der Formulierung einer Qualitätspolitik und den Qualitätszielen ist es für die Sicherstellung stabiler Prozesse an vielen Stellen der Leistungserbringung zielführend und geboten, Abläufe schriftlich zu fixieren. Dafür sind Prozessbeschreibungen oder Verfahrens- und Arbeitsanweisungen vorzuhalten. Beschreibungen zu diesen Prozessen und Verfahren helfen bei der Ablaufstrukturierung, weil Arbeits-/Ablaufschritte sowie Verantwortlichkeiten festgelegt und zugeordnet werden. Neben einer soliden Einarbeitung können nur das geschriebene Wort bzw. Schaubilder und dokumentierte Visualisierungen Prozesssicherheit für die betroffenen Mitarbeiter schaffen. Ergänzend sind Hilfsmittel wie z. B. Formblätter, Checklisten und Ausfüllanleitungen zu erstellen, um die Prozess- und Ablaufstabilität zu sichern.

### 3.1.2 Externe Unterstützung

Bei der Vorbereitung auf die Zertifizierung kann ein externer Berater wertvolle Unterstützung leisten und zugleich den Umsetzungsprozess beschleunigen. So kann ein Berater gerade bei der Interpretation und der angemessenen Umsetzung der ISO-Anforderungen sein Wissen einbringen. Jede Organisation muss dabei für sich entscheiden, ob eine externe Unterstützung generell notwendig ist, ob dieser die gesamte Vorbereitungsphase begleiten soll oder ob Unterstützung nur tageweise für größere betriebliche Wissenslücken heranzuziehen ist.

### 3.1.3 Auswahl eines Zertifizierers

Parallel zu den inhaltlichen Vorbereitungen sollte bereits frühzeitig (etwa 3–6 Monate vor dem avisierten Audittermin) ein Zertifizierungsauditor sowie eine Zertifizierungsgesellschaft ausgewählt werden.

## 3.2 Durchführung des Stufe 1 Audits

Bei einer Erst-Zertifizierung muss dem Hauptaudit ein Stufe 1 Audit vorgeschaltet werden, mit dessen Hilfe ermittelt werden soll, ob die Organisation grundsätzlich auf das eigentliche Zertifizierungsaudit vorbereitet ist.

Einen ersten Bestandteil bildet dabei eine Betriebsbegehung. Den zeitlichen Hauptanteil eines Stufe 1 Audits umfasst jedoch die Dokumentenprüfung. Der Auditor verschafft sich dazu eine Übersicht über die Dokumente und Nachweise jedes Auditkapitels. Dazu sind mindestens folgende Aufzeichnungen bereit zu halten:

- Interne Auditberichte der letzten 12 Monate,
- Protokoll des letzten Management-Reviews,
- Kundenzufriedenheitsanalysen, Dokumentation zu Kundenbeschwerden und -reklamationen,
- Leistungsparameter/Kennzahlen zur Prozessmessung, Produkt- und Dienstleistungskonformität

Weiterhin dient das Phase 1 Audit dem Zweck, dass Hauptaudit zu planen und das Auditprogramm für den 3-jährigen Zertifizierungszyklus abzustimmen. Dieses Voraudit sollte zwei bis acht Wochen vor dem Hauptaudit stattfinden, weil üblicherweise noch Schwachstellen identifiziert werden, die bis zum Hauptaudit abzuarbeiten sind.

## 3.3 Durchführung des Stufe 2 Audits

Im Hauptaudit wird die Konformität des QM-Systems des Unternehmens mit den Anforderungen der ISO 9001 im Detail überprüft. Die Kernbestandteile jedes Zertifizierungsaudits sind

- das Eröffnungsgespräch,
- die Auditdurchführung,
- die Auditbewertung und das Erstellen von Auditaufzeichnungen sowie
- das Abschlussgespräch.

Zur Prüfung der Übereinstimmung der betrieblichen Abläufe mit den Anforderungen werden mittels Stichprobenprüfung Informationen gesammelt und bewertet. Dies erfolgt durch Interviews und Beobachtungen sowie durch Sichtung von Aufzeichnungen und Dokumenten. Die betroffenen Prozesse und Abteilungen sind der Organisation über den Auditplan vor dem Audit bekannt gemacht worden.

Im Abschlussgespräch stellt der Auditor die Auditergebnisse vor. Sofern Beanstandungen ausgesprochen wurden, wird der Auditor das weitere Vorgehen und Fristen erklären. Im Anschluss an die Mitteilung der Auditergebnisse informiert der Auditor über die Zertifizierungsempfehlung. Der Auditor selbst ist nicht befugt, die endgültige Entscheidung über das Auditergebnis zu übermitteln – dies obliegt der Zertifizierungsgesellschaft.

## 3.4 Umgang mit Auditbeanstandungen

Oft gelingt es der Organisation nicht, alle Normenvorgaben anforderungsgerecht im betrieblichen Alltag umzusetzen. Es ist wesentliche Aufgabe eines Zertifizierungsaudits, solche Nichtkonformitäten zu identifizieren. Bei Nichtkonformitäten muss der Auditor eine Beanstandung (auch: Abweichung oder Finding) aussprechen. Gemäß ISO 19011 Abschn. 6.8 gibt es folgende Klassifizierungen von Nichtkonformitäten:

- *wesentliche* (major) Nichtkonformität
- *untergeordnete* (minor) Nichtkonformität
- Empfehlung/Verbesserung

Eine wesentliche Nichtkonformität liegt vor, wenn angenommen werden muss, dass die Nichterfüllung einer Anforderung

1. zu einem Versagen wichtiger Bestandteile des QM-Systems führt,
2. wenn Prozesse nicht beherrscht werden oder
3. wenn damit gerechnet werden muss, dass die Nichtkonformität spürbare Auswirkungen für den Kunden hat.

Bei einer untergeordneten Nichtkonformität handelt es sich um singulär auftretende Fehler oder die Nichtkonformität einzelner Anforderungen ohne substanziellen oder nachhaltigen Einfluss auf das QM-System, auf die Prozesse oder auf Produkt bzw. Dienstleistung.

Beanstandungen werden in einem Abweichungsbericht (engl.: Non-Conformity Report – NCR) festgehalten. Dort beschreibt der Auditor die Abweichung, benennt den zugehörigen Nachweis sowie die nicht erfüllte Normanforderung und legt fest, ob es sich um eine Haupt- oder eine Nebenabweichung handelt.

Zur Korrektur sind die angemessen analysierte Ursache und die eingeleitete (!) Korrekturmaßnahme in einem NCR Report zu dokumentieren und die Behebung im Anschluss an den Auditor zurückzumelden. Hiermit wird zugleich das Schließen der Auditbeanstandung beantragt. Erst danach, darf der Auditor seiner Zertifizierungsgesellschaft das Ausstellen oder die Verlängerung des Zertifikats empfehlen.

## 3.5 Überwachungs- und Re-Zertifizierungsaudits

### 3.5.1 Überwachungsaudit

Das Überwachungsaudit (auch: Ü-Audit) findet nach einem Erst- oder Rezertifizierungsaudit zweimal in jährlichem Abstand statt und ist im Umfang etwa halb so lang wie das Erst- oder Re-Zertifizierungsaudit. Der Umfang des Ü-Audits orientiert sich am Auditprogramm für den Zertifizierungszyklus, das im Stufe 1 Audit festgelegt wurde.

### 3.5.2 Re-Zertifizierungsaudit

Das Re-Zertifizierungsaudit findet alle drei Jahre statt und entspricht im Umfang dem Erst-Audit. Während dieses Audits wird, anders als beim Überwachungsaudit, die Erfüllung aller Normenanforderungen geprüft. Schwerpunkte bilden auch hier eine Überprüfung der Prozesswirksamkeit und Prozessleistung, die Bewertung der Fähigkeit zur Lieferung konformer Produkte und Dienstleistung sowie eine Beurteilung der Kundenzufriedenheit. Weiterhin richtet sich der Blickwinkel auf die Umsetzung von Folgemaßnahmen aus dem letzten Zertifizierungsaudit sowie seitdem vorgenommenen Änderungen am QM-System.

### 3.5.3 Audit aus besonderem Anlass

Neben geplanten Überwachungs- und Re-Zertifizierungsaudits gibt es Audits aus besonderem Anlass. Die Gründe hierfür können z. B. der Wechsel des Zertifizierers oder die Erweiterung des Geltungsbereichs außerhalb des bestehenden Zertifizierungszyklus sein.

# Kontext der Organisation

# 4

## 4.1 Verstehen der Organisation und ihres Kontextes

Neben dem operativen Geschäft müssen betriebliche Fragen jenseits des Tagesgeschäfts beantwortet werden. Die Norm fordert dazu eine regelmäßige Reflexion der eigenen internen Lage sowie des externen Umfelds. Das ermöglicht eine strategische Orientierung im und Ausrichtung am Markt und damit das Erreichen der gesteckten Ziele. Dabei braucht es ein systematisches und strukturiertes Vorgehen, ausgehend von der Geschäftsführung. Typische Aspekte für eine Bewertung des externen Umfelds sind:

- Anpassung des Produktportfolios, Betriebserweiterungen, Innovationen und technische Entwicklungen
- Auswirkungen der Digitalisierung, die künftige Personalsituation
- Marktausrichtung von Wettbewerbern, Nachfrageentwicklung der Kunden
- gesetzgeberische Initiativen, Aktivitäten von Kammern und Verbänden

Dem Zertifizierungsauditor muss aus dem Gespräch mit der Geschäftsführung klar werden, dass diese die eigenen betrieblichen Stärken und Schwächen kennt und sich marktseitiger Chancen und Risiken bewusst ist und entsprechende Maßnahmen ableitet.

Die Geschäftsführung muss die wesentlichen Entwicklungen im Bereich Markt, Wettbewerb, Ressourcen, Gesetzgebung darstellen. Hierfür ist ein systematisches und dokumentiertes Handeln nachzuweisen und eine Abarbeitung der



M. Hinsch, *Die ISO 9001:2015 – das Wichtigste in Kürze*, essentials,
https://doi.org/10.1007/978-3-658-24830-7_4

relevanten und machbaren Themen im Sinne des PDCA Zyklus erkennbar sein. Hier sind dann folgende Nachweise zu erbringen:

- Unternehmensstrategie, z. B. SWOT- oder PEST Analyse,
- Finanz-, Investitions- und Projektplanungen,
- Markt- und Wettbewerbsuntersuchungen,
- Risikoaktivitäten/-management,
- Berichte zur Produktentwicklung.

## 4.2 Verstehen der Erfordernisse und Erwartungen interessierter Parteien

Organisationen müssen sich nicht nur mit der Frage auseinandersetzen, was die Leistungserbringung von Innen und Außen tangiert, sondern auch, wer Einfluss betriebliche Geschehen nimmt. Solche Einflussnehmer werden in der Norm als interessierte Parteien (engl. Stakeholder) bezeichnet. Bei ihnen handelt es sich um Institutionen, Gruppierungen oder Personen, wie z. B. direkte oder indirekte Kunden, Lieferanten, Mitarbeiter, Eigentümer bzw. Kapitelgeber, Gewerkschaften, Verbände, Initiativen oder Kammern sowie Wettbewerber und Partner, aber auch Think Tanks oder Medien.

Deren Verantwortliche sind zu kennen und im Rahmen der eigenen Wertschöpfung im Blick zu haben. Denn: Es muss bewusst sein, wer die Leistungserbringung wie beeinflusst. In der Geschäftsführung muss ein Bewusstsein für Sichtweisen, Anforderungen und Bedürfnisse der Marktteilnehmer vorhanden sein.

Ein kleiner Betrieb wird im Zertifizierungsaudit Anforderungen zum Beispiel folgender Parteien, inklusive der sich daraus resultierenden Chancen und Risiken nachweisen können müssen:

- Hauptkunden und deren Endkunden
- Privatkunden (klein),
- Mitarbeiter, i. d. R. auch deren familiäre Anforderungen
- Bankberater,
- lokale Wettbewerber,
- Geschäftsführer seines Baumarkts oder Großhändlers (in dessen Funktion als Lieferant und Informationsquelle für Produktentwicklungen)
- ggf. Vorsitzender der Handwerkskammer, Bürgermeister und Pfarrer (für akquisitionsrelevante Informationen)

Große Unternehmen bis hin zur Größe von Konzernen sehen mit weiteren interessierten Parteien konfrontiert, hier am Beispiel eines Flughafens:

- Kunden und Kundengruppen (Airlines, Einzelhandel, Cargo-Abwickler),
- Indirekte Kunden (Passagiere – getrennt nach First- Business- und Economy, Spediteure,
- Kunden der Spediteure),
- Andere Verkehrsträger (Deutsche Bahn, lokales Taxi-Gewerbe, ÖPNV),
- Lieferanten (für Kunden und eigene Wertwertschöpfung),
- Politik (Kommune, Land, Bund, EU),
- Eigentümer (i. d. R Bund, Land, Kommune = Politik)
- lokale, überregionale und internationale Behörden (Bau- oder Gesundheitsbehörde,
- Polizei, Zoll, Luftfahrt-Bundesamt,
- Bürgerinitiativen,
- Verbände und Vereine (Greenpeace, BUND),
- Arbeitnehmervertretungen.

## 4.3 Festlegung des Anwendungsbereichs des QM-Systems

Organisationen müssen schriftlich festlegen, wo die ISO-Zertifizierung gelten soll, d. h. räumlich und in Bezug auf das Leistungsspektrum. Dabei ist nicht jede Normvorgabe auf jede Organisation anwendbar. Ein Unternehmen, das Reinigungsdienstleistungen erbringt, führt i. d. R. keine Entwicklungen durch. Nicht anwendbare Anforderungen dürfen daher exkludiert bzw. für nicht anwendbar erklärt werden.

Normenbestandteile, die das QM-System, die Kundenzufriedenheit bzw. die Produkt- oder Dienstleistungskonformität betreffen dürfen nicht ausgeschlossen werden. Im Zertifizierungsalltag bleiben Nicht-Anwendbarkeiten typischerweise auf den Bereich der Produkt- und Dienstleistungsrealisierung (Kap. 8) beschränkt. Im genannten Beispiel des Reinigungsbetriebs kann meist der Abschn. 8.3 zur Entwicklung daher für nicht anwendbar erklärt und dabei von der Auditierung ausgeschlossen werden.

## 4.4 Qualitätsmanagement und dessen Prozesse

Abschn. 4.4 widmet sich primär den betrieblichen Prozessen. Mit den entsprechenden Normanforderungen wird beabsichtigt, dass sich die Leistungserbringung am idealen Prozessablauf ausrichtet und nicht allein durch die funktionale Organisationsstruktur (Hierarchie) bestimmt wird. Damit soll eine stärkere Orientierung der Wertschöpfung an den Bedürfnissen des Kunden erreicht werden.

Es ist eine Prozesslandkarte vorzuhalten, darüber hinaus sind mit Hilfe von Prozessbeschreibungen oder Verfahrensanweisungen deren Abläufe, z. B. mittels Flow-Charts, die Wechselwirkungen zwischen den Prozessen darzustellen und die Verantwortlichkeiten zu beschreiben. Nach erstmaliger Festlegung der Prozesse sind diese entsprechend des PDCA-Zyklus und gem. Abschn. 6.2 über Ziele zu überwachen und kontinuierlich zu verbessern. Weitere Hinweise zur Prozessorientierung gibt Abschn. 2.2.1 dieses Büchleins.

# 5 Führung

## 5.1 Führung und Verpflichtung

### 5.1.1 Allgemeines

Die Geschäftsleitung (oberste Leitung) hat ein wirksames und normenkonformes QM-System zu etablieren, aufrechtzuerhalten und ständig weiterzuentwickeln. Damit ist sie für die Durchführung folgender Tätigkeiten verantwortlich:

- Festlegung und Kommunikation von Qualitätspolitik und Qualitätszielen,
- Etablierung einer strikten Qualitäts-, Prozess-, Risiko- und Kundenorientierung,
- Einrichtung wiederholt beobachtbarer Prozessabläufe,
- Definition von Rollen, Verantwortlichkeiten und Befugnissen,
- Bereitstellung der notwendigen Ressourcen (Personal, Geräte und Maschinen, Material),
- Systematische Organisationssteuerung entsprechend des PDCA-Ansatzes,
- Etablierung eines Verbesserungsmanagements,
- Führung und Verantwortung gegenüber Mitarbeitern und
- Unterstützung untergeordneter Führungskräfte.

Erfolg und Akzeptanz des Qualitätsmanagements in der gesamten Organisation stehen und fallen mit dem QM-Bewusstsein der Geschäftsführung. Damit die Mitarbeiter verstehen, was ihre Aufgaben sind und wohin das Management sie mitnehmen will, soll die Führung auf die Schaffung von angemessener



M. Hinsch, *Die ISO 9001:2015 – das Wichtigste in Kürze,* essentials,
https://doi.org/10.1007/978-3-658-24830-7_5

Kompetenz, Motivation und Bewusstsein ausgerichtet sein. Führung umfasst dabei insbesondere die innerbetriebliche Vermittlung folgender Punkte:

- Prozesse und ihre Wechselwirkungen,
- Bedeutung und Aufgaben eines leistungsfähigen QM-Systems,
- Qualitätspolitik und Qualitätsziele (vgl. auch Abschn. 5.2 und 6.2),
- Auswirkungen nicht konformer Leistungserbringung,
- risikobasiertes Handeln.

### 5.1.2 Kundenorientierung

Wie bereits in Abschn. 2.2.3 dieses Büchlein beschrieben, bildet die Kundenorientierung eines der Kerncharakteristika der ISO 9001:2015. Das wichtigste Merkmal für eine erfolgreiche Kundenorientierung ist die Erfüllung der Anforderungen und Bedürfnisse des Kunden. Dazu müssen diese aufgenommen, systematisiert, bewertet und im Produkt oder in der Dienstleistung berücksichtigt werden. Die Basis dafür kann z. B. aus einer Kundenspezifikation, aus Marktkenntnissen oder eigenen Trendanalysen, der Erfahrung mit Kunden, interessierten Parteien oder aus zurückliegenden Aufträgen stammen.

Kundenorientierung soll dabei nicht nur verantwortet, sondern auch gelebt („gezeigt") werden, z. B. durch pro-aktive Kundenkommunikation, Identifikation und Umsetzung nicht explizit genannter Kundenbedürfnisse, durch Beseitigung von Risiken oder durch Bereitstellung von Produkt-Aktualisierungen. In diesem Zuge sollen auch Risiken strukturiert behandelt und Chancen ergriffen werden.

Erfolgreiche Kundenorientierung kann im Zertifizierungsaudit beispielsweise durch folgende KPI's nachgewiesen werden:

- Liefertermintreue (On-time-delivery – OTD),
- Produkt- bzw. Dienstleistungskonformität (On-target-quality – OTQ),
- Beschwerden und Reklamation und Garantie-Inanspruchnahmen,
- Kundenzufriedenheit mittels Befragung.

## 5.2 Qualitätspolitik

Die Qualitätspolitik ist der Qualitätsanspruch der Organisation niedergelegt. Sie soll deutlich machen wie die Geschäftsleitung die eigene Organisation Q-seitig positioniert sieht bzw. sehen möchte. Dabei muss deutlich werden, dass die Geschäftsleitung dem Thema Qualität einen hohen Stellenwert beimisst und gleichzeitig muss die Q-Politik individuell passend zur Organisation eine Leitlinie für die strategische Ausrichtung sein.

Mindestbestandteil jeder Qualitätspolitik ist eine Verpflichtung der Geschäftsleitung zur:

- Erfüllung zutreffender Anforderungen (z. B. Kundenwünsche, gesetzlicher sowie behördlichen Vorgaben)
- Sicherstellung einer ständigen Verbesserung des QM-Systems.

Die Qualitätspolitik muss gegenüber den Mitarbeitern nicht nur kommuniziert, sondern auch verstanden und angewendet werden, damit sie einen praktischen Nutzen hat. Dazu muss die Qualitätspolitik in dokumentierter Form vorliegen.

Bei Kleinstbetrieben ist z. B. auch ein Aushang in der Teeküche zulässig. Wird das QM-Handbuch zur Dokumentation genutzt, sollte ergänzend auch eine Bekanntmachung im Intranet oder durch Aushang eingerahmt oder am Schwarzen Brett erfolgen. Eine Dokumentation im QM-Handbuch alleine ist üblicherweise nicht zielführend. Die Qualitätspolitik ist regelmäßig, d. h. mindestens einmal jährlich zu überprüfen und ggf. anzupassen.

## 5.3 Rollen, Verantwortlichkeiten und Befugnisse der Organisation

In der Organisation müssen Verantwortlichkeiten und Befugnisse definiert und kommuniziert werden. Die dazu notwendigen Festlegungen sind unter anderem im Organigramm, in Stellenbeschreibungen, einer Berechtigungsmatrix und in Prozess- bzw. Verfahrensanweisungen sowie ggf. im QMH zu dokumentieren.

Jeder Mitarbeiter muss seinen Verantwortungs- und Zuständigkeitsbereich kennen, schließlich trägt jeder Beteiligte einer Leistungserbringung, der eigenverantwortlich

Arbeitsschritte durchführt, eine Qualitätsverantwortung. Es ist die Aufgabe der Geschäftsleitung, Verantwortlichkeiten und Befugnisse für wesentliche QM-Aktivitäten allgemein festzulegen. Diese Aufgaben müssen nicht notwendigerweise bei einem QM-Beauftragten liegen – eine solche Funktion ist in der ISO 9001:2015 nicht (mehr) zwingend vorgeschrieben. Sie ist aber sinnvoll, um Qualitätsmanagement-Kompetenz zu bündeln.

Die Norm legt Wert darauf, dass jeder Mitarbeiter die eigenen Verantwortlichkeiten und Befugnisse nicht nur „mal gehört hat", sondern präzise kennt und versteht. Als Nachweis kann dazu beispielsweise ein vom Mitarbeiter unterschriebenes Exemplar seiner aktuellen Stellenbeschreibung in der Personalakte archiviert sein. Dies ist für die ISO-Zertifizierung hilfreich sowie für eine Enthaftung bei Arbeitsunfällen und bei Verfehlungen von Bedeutung.

# 6 Planung

## 6.1 Maßnahmen zum Umgang mit Risiken und Chancen

Jede Organisation ist verpflichtet, sich bewusst mit den eigenen betrieblichen Risiken und Chancen auseinander zu setzen. Organisation müssen ihre Risiken antizipieren, in ihrem Einfluss einschätzen und angemessen mit ihnen umgehen können. Die Norm legt dazu jedoch lediglich einen risikobasierten Ansatz zugrunde und verzichtet bewusst auf ein systematisches, allgemein anerkanntes Risikomanagement.

Risiken müssen aber *bewusst* identifiziert, bewertet, minimiert und überwacht werden. Risiken in Prozessen, Produkten, Dienstleistungen und Ressourcen sind genauso zu beobachten wie Risiken im externen Kontext (Wettbewerbsrisiken, Lieferantenrisiken). Die Steuerung einzelner Risiken ist dabei am möglichen Schadensumfang und der Eintrittswahrscheinlichkeit auszurichten.

Bei der Ausgestaltung des Risikomanagements spielen das Leistungsspektrum und die Organisationskultur eine wesentliche Rolle. So wird eine alteingesessene Wirtschaftsprüfungskanzlei eine andere Risiko-Herangehensweise wählen, als ein junges Dotcom-Unternehmen. In beiden Fällen müssen aber erkennbare Bestandteile einer Risikoorientierung in den betrieblichen Planungsprozessen verankert sein. Den Schwerpunkt muss in jedem Fall die strukturierte Identifizierung, Bewertung und das Ergreifen von Chancen entsprechend des PDCA-Ansatzes bilden. Die Chancen müssen ebenfalls bestimmt werden.



M. Hinsch, *Die ISO 9001:2015 – das Wichtigste in Kürze*, essentials,
https://doi.org/10.1007/978-3-658-24830-7_6

Im Zertifizierungsaudit muss deutlich werden, dass Risiken aktiv angegangen werden aus denen folgende Punkte hervorgehen:

- Identifizierung,
- Bewertungen,
- Maßnahmen,
- Termine und Verantwortlichkeiten,
- bisherige Aktivitäten der Risikohandhabung.

## 6.2 Qualitätsziele und Planung zu deren Erreichung

Qualitätsziele unterstützen die Umsetzung der Qualitätspolitik auf operativer Ebene. Sie müssen verständlich und akzeptiert sein. Dafür müssen diese schriftlich fixiert sein und ihre unterjährige Erreichung ist über KVP-Boards, das Intranet oder schwarze Bretter zu kommunizieren. Qualitätsziele sind dabei nicht nur für die Kernprozesse festzulegen, sondern auch für wichtige Begleitprozesse, Abteilungen oder Funktionen. Qualitätsziele müssen aktiv gemanagt und zu einem wichtigen betrieblichen Steuerungstool werden. Wichtige Q-Ziele sollten dazu mindestens monatlich überwacht werden

Ziele müssen messbar sein, um so eine jederzeitige Bestimmung der eigenen Quality-Position objektiv zu ermöglichen. Daneben ist es wichtig, dass sich mit den Zielen objektive Aussagen zur Produkt- bzw. Dienstleistungskonformität oder Kundenzufriedenheit treffen lassen. Geeignete Qualitätsziele sind daher die Liefertermintreue, Reklamationen, die Lieferantenleistung, Nacharbeit, Kundenbeschwerden, etc.

I. d. R. sollten die einmal definierten Ziele im Zeitablauf so weit wie möglich beibehalten werden. Lediglich der jeweilige Zielwert, ist kontinuierlich zu erhöhen.

Im Zertifizierungsaudit wird der Auditor nach Maßnahmen, Mitteln und Wegen der Umsetzung sowie den eingeplanten Ressourcen für die Zielerreichung fragen.

## 6.3 Planung von Änderungen

Ein QM-System ist kein statisches Gebilde, welches einmal eingerichtet und danach nicht mehr verändert wird. QM-Systeme verändern sich ständig, schließlich finden sich deren Bestandteile in der gesamten Organisation. Es wird immer dann berührt, wenn Änderungen vorgenommen werden, die direkten oder indirekten Einfluss auf die Konformität der Produkte oder die Dienstleistungen haben.

Solche Änderungen müssen vor ihrer Realisierung unter Berücksichtigung der vorhandenen Ressourcen strukturiert geplant und dann erst umgesetzt werden. Dazu müssen:

- Änderungen am QM-System in Art und Umfang bewertet,
- ihr Einfluss auf die Organisation sowie die Konformität der Produkte und Dienstleistungen ermittelt,
- Maßnahmen/Aktivitäten abgeleitet,
- Verantwortlichkeiten und Befugnisse definiert,
- die Maßnahmen nach Umsetzung auf Wirksamkeit geprüft werden.

# 7 Unterstützung

## 7.1 Ressourcen

### 7.1.1 Allgemeines

Die Geschäftsführung muss sicherstellen, dass die zur Einführung und Aufrechterhaltung eines QM-Systems nach ISO 9001 erforderlichen personellen, infrastrukturellen und finanziellen Ressourcen termingerecht zur Verfügung gestellt werden. Die Organisation muss dabei die internen, aber auch die zuzukaufenden Ressourcen berücksichtigen. In Abschn. 7.1.1 sind die Anforderungen an Ressourcen nur unspezifisch formuliert, detaillierte Vorgaben sind erst im weiteren Verlauf des Kap. 7 zu finden.

### 7.1.2 Personen

Die Norm fordert in Abschn. 7.1.2 ausreichende Personalverfügbarkeit (Quantität) und angemessene Personalkompetenz (Qualität) als wichtige Voraussetzung für die Gewährleistung hoher Produkt- und Dienstleistungsqualität.

Die quantitative Personalkapazität ergibt sich aus der betrieblichen Planung und dem tatsächlichen Arbeitsaufkommen. Die notwendige Personalqualität aus der Art der durchzuführenden Tätigkeiten. Gut ausgebildete Mitarbeiter sind nicht nur aus ISO-Sicht notwendig, sie minimieren auch das Arbeitsfehlerrisiko und sind selbst durch korrekte und sichere Arbeitsausführung besser geschützt.



M. Hinsch, *Die ISO 9001:2015 – das Wichtigste in Kürze*, essentials,
https://doi.org/10.1007/978-3-658-24830-7_7

### 7.1.3 Infrastruktur

Die Ausstattung der Betriebsstätten muss auf Art und Umfang der Leistungserbringung ausgerichtet sein und ist regelmäßig auf Angemessenheit und Zustand zu prüfen. Zur Infrastruktur gehören:

- Büros, Werkstätten, Teststände, Hallen sowie Arbeitsplätze und Abstellflächen, Sanitär-, Küchen- und Ruhebereiche, Heizungs- und Lüftungsanlagen sowie Energie- und Wasserversorgung
- Betriebsmittel wie Maschinen, Geräte, Instrumente, Werkzeuge und Arbeitsmittel, Lagersysteme, Büroausstattung, Sicherheits- und Rettungsausrüstung
- Transportmittel, Materialtransportsysteme sowie Transportstrukturen für die An- und Auslieferung
- Kommunikationsmittel wie Telefone, Email und Fax
- IT-Strukturen einschließlich Datensicherungssysteme und Datenanbindung

Für Betriebsmittel, die einer regelmäßigen Wartung bedürfen, müssen Wartungspläne und Wartungsvorgaben vorliegen sowie Aufzeichnungen zu den durchgeführten Maßnahmen geführt werden.

Im Hinblick auf IT-Infrastruktur gelten besondere Anforderungen, weil hier die Funktionsstabilität der Prozesse und die Datensicherheit zu berücksichtigen sind. Für den Fall des Datenverlusts oder der Nichtverfügbarkeit (Absturz) von IT-Systemen kommen mittlere und große Unternehmen in aller Regel nicht umhin, ein/e Notfallkonzept/-planung vorzuhalten.

### 7.1.4 Umgebung zur Durchführung von Prozessen

Die Arbeitsumgebung darf keine Einschränkungen der Prozessleistung, keine übermäßige Ablenkung des Personals oder Beeinträchtigungen beim Ressourceneinsatz auslösen. Unter die Umgebungsbedingungen gehören:

- angemessene Temperaturen, Luftfeuchtigkeit, Ventilation,
- möglichst geringe Staubanteile und andere Luftverschmutzungen,
- ausreichende Beleuchtung,
- minimale, zumindest aber vertretbare Lärmkulisse,
- arbeitsplatzspezifische Vorkehrungen im Hinblick auf den Produktschutz,

- arbeitsplatzspezifische Vorkehrungen im Hinblick auf Gesundheitsschutz, Arbeitssicherheit und Umweltschutz,
- Ordnung und Sauberkeit.

Auch ist, soweit wie möglich, auf ein die Human-Factors berücksichtigenden Arbeitsumfeld zu achten. Die Norm nennt hierzu folgende Aspekte:

- Vermeidung eines Mangels an Aufmerksamkeit durch Ermüdung & Erschöpfung,
- betriebsverträgliches Miteinander unter Beachtung sozialer Normen,
- Minimierung von Druck und Stress.

### 7.1.5 Ressourcen zur Überwachung und Messung

Um sicher zu gehen, dass Produkte und Dienstleistungen die definierten Anforderungen erfüllen, sind Überwachungen und Messungen notwendig. Für diese Tätigkeiten müssen Organisationen die dazu erforderlichen Ressourcen bestimmen. Im Vordergrund stehen hierbei Überwachungs- und Messmittel (auch: Prüfmittel), wenngleich auch Dokumente und qualifiziertes Personal entsprechende Ressourcen sind. Letzterem widmet sich die Norm jedoch noch in anderen Kapiteln.

Die Norm fordert eine angemessene Einführung von Prüfmitteln durch Kennzeichnung und ggf. Einweisung der betroffenen Mitarbeiter. Während der Nutzungsdauer sind Mess- und Überwachungsmittel zu überwachen. Dies erfolgt durch Prüfungen und Kalibrierungen nach anerkannten Methoden.

Stellt sich ein Prüfmittel als defekt heraus, ist zu prüfen, ob Einfluss auf die Prüfqualität zuvor geprüfter Produkte und Dienstleistungen bestand. Die Organisation muss für diesen Fall ein Vorgehen definieren, das den Umgang mit dem fehlerhaften Prüfmittel und vor allem mit den betroffenen Produkten und Dienstleistungen aufzeigt.

### 7.1.6 Wissen der Organisation

Wissen ist in Organisationen mindestens ebenso wichtig wie das Vorhandensein von Maschinen, Anlagen und Geräten. Dies gilt umso mehr in Dienstleistungsbranchen. Kenntnis des vorhandenen Know-hows der Organisation (Ist) und des erforderlichen Wissens (Soll) ist ein unverzichtbarer Faktor für langfristigen geschäftlichen Erfolg. Das notwendige Know-how ist zu identifizieren, zu vermitteln, zu bewahren und zu erweitern. Hierzu bedarf es einer systematischen Überwachung und Steuerung des Wissens. Dazu sollte sich jede Organisation folgende Fragen stellen:

- Welches Wissen wird für die Leistungserbringung bzw. in den Prozessen benötigt?
- Woher kommt das Wissen und wie lässt es sich aktualisieren?
- Was sind die Quellen für die Wissensaktualisierung, wie wird neues Wissen in die Organisation gesteuert und in die Produkte bzw. Dienstleistungen integriert?
- Wie geht Wissen verloren und wie kann es geschützt werden?

Geeignete Instrumente des Wissensmanagements sind z. B. Lessons Learnt-Meetings, Wiki-Systeme, Schulungen, Ideenmanagement, Anreizsysteme, Projekt- oder Produktdatenbanken, Qualitätszirkel.

## 7.2 Kompetenz

Die systematische Personalkompetenz ist eines der wesentlichen Elemente für die Gewährleistung hoher Produktqualität und -sicherheit. Nur angemessen ausgebildete Mitarbeiter können sicherstellen, dass die betrieblichen Prozesse über einen langen Zeitraum stabil ablaufen und sich zugleich kontinuierlich verbessern. Im Zertifizierungsaudit muss dargelegt werden können, dass eine gleichbleibende Personalqualität sichergestellt wird.

In einem ersten Schritt müssen die Qualifikationsbedarfe bzw. die notwendige Personalkompetenz als Soll-Anforderung definiert werden. Hierfür eignen sich am ehesten Qualifizierungs- bzw. Einarbeitungspläne, die Angaben zu notwendigen On-the-Job-Trainings, fachspezifischen Aus- und Weiterbildungen sowie Unterweisungen enthalten. Gegebenenfalls ist in ihnen festzuschreiben inwieweit periodisch Nachschulungen oder Auffrischungen notwendig sind.

Durch Ermittlung der Mitarbeiterfähigkeiten sind diesen Soll-Vorgaben die Ist-Kompetenzen gegenüber zu stellen. Wenn sich Lücken auftun, müssen Qualifikationsmaßnahmen ergriffen werden. Dabei ist zu beachten, dass die Normanforderungen nicht nur auf das eigene Stammpersonal, sondern alle Mitarbeiter, die Tätigkeiten unter Aufsicht der Organisation ausführen, angewendet werden.

Der gesamtbetriebliche Schulungsbedarf muss in einem Schulungsplan zusammengefasst gefasst werden, um die Aufrechterhaltung und ggf. die Erweiterung der Personalqualifikation kapazitiv zu steuern und die rechtzeitige Bereitstellung finanzieller Mittel zu ermöglichen.

Nach Durchführung der Qualifikationsmaßnahme ist eine Wirksamkeitseinschätzung vorzunehmen. Hierfür sind zwei Ansätze vorgesehen:

- Beurteilung der Schulung durch den Teilnehmer
- Nachprüfung durch Vorgesetzte, ob Inhalte angenommen und angewendet werden

Im Vordergrund steht dabei der zweite Punkt. Es ist zu prüfen, dass der Geschulte die Lernziele im betrieblichen Alltag zur Anwendung bringen kann. Diese Prüfung zu dokumentieren, indem Datum der Prüfung, Prüfer und Prüfobjekt (z. B. Auftragsnummer) festgehalten werden.

## 7.3 Bewusstsein

Die Norm fordert ein Bewusstsein für die eigene Tätigkeit und für die Aufgaben und die Bedeutung eines QM-Systems. Ziel muss es sein, dass sich das Personal des eigenen Handelns und dessen Auswirkungen bewusst wird und so beurteilen kann, wann Produkte oder Dienstleistungen die geforderten Anforderungen erfüllen. Einen wichtigen Bestandteil bildet dabei die Vertrautheit mit den Merkmalen und Bestandteilen

- der Kundenorientierung,
- der Prozessorientierung,
- des risikoorientierten Handelns.

Dafür muss das QM-System mit seinen Wesensmerkmalen und Zielen sowie den spezifischen Prozessen, Verfahren, Hilfsmitteln und Vorgaben verstanden werden.

Als weitere Maßnahme zur Schaffung eines umfassenden Qualitätsbewusstseins verlangt die Norm eine angemessene Bekanntmachung von Qualitätspolitik und Qualitätszielen und ihr Verständnis unabhängig von Art und Dauer der Beschäftigung.

Im Audit müssen Mitarbeiter unter Umständen zeigen, dass sie die wesentlichen Aspekte der Qualitätspolitik und die wichtigsten Ziele sinngemäß kennen und wissen, wo sie diese nachlesen können.

## 7.4 Kommunikation

Die Geschäftsführung muss für eine angemessene Kommunikation innerhalb der eigenen Organisation sowie gegenüber Externen sorgen, u. a. über Meetings, Emails, Informationsaustausch über das Inter- und Intranet, Telefon, Betriebszeitungen, Infoblätter oder Aushänge.

Gerade in größeren Organisationen ist die Kommunikation oft kaum mehr als ausreichend, sodass sich über alle Hierarchieebenen hinweg Mängel bei der Kommunikation von Belangen des Qualitätsmanagements einstellen. In der Folge fehlt den Mitarbeitern dann Detailwissen zu Aktualisierungen in Prozessen oder Produkten sowie ein Bewusstsein für die betrieblichen Qualitätsanforderungen im Allgemeinen. Um dies zu verhindern müssen klare Kommunikationsstrukturen und -standards definiert sein. Im Audit kann dabei eine Kommunikationsmatrix helfen.

## 7.5 Dokumentierte Information

### 7.5.1 Allgemeines

Ein wesentliches Merkmal von QM-Systemen ist eine sorgfältige Dokumentation. Für alle Arten der Dokumentation unabhängig vom Medium wird der Begriff der „dokumentierten Information" verwendet. Dabei kann es sich im Einzelnen handeln um:

- Betriebliche QM-Dokumentation (z. B. QM-Handbuch, Prozessbeschreibungen, Arbeits- und Verfahrensanweisungen, Vorlagen, Ausfüllanleitungen und (nicht ausgefüllte) Checklisten, Stellenbeschreibungen, Videos),
- (interne) fachlich-technische Dokumente (z. B. eigene Herstellungs-, oder Ausführungsanweisungen, Zutaten, Materiallisten, Zeichnungen, Videoaufnahmen, Schaltplänen, Testbeschreibungen, Prüfpläne, Musterfotos, Muster, Videos),
- externe Dokumentation (z. B. Kundenvorgaben, Betriebsanweisungen, Instandhaltungsanweisungen, Herstellungsanweisungen, Zeichnungen, Videoaufnahmen, Schaltpläne, Normen, Gesetze, Verordnungen).
- Aufzeichnungen/Nachweisdokumente (z. B. Zertifikate, Protokolle, Freigabe-/Abnahmedokumente, Durchführungsbescheinigungen, ausgefüllte Checklisten)

Grundsätzlich unterscheidet die Norm also zwischen Dokumenten (Vorgabedokumente) und Aufzeichnungen (Nachweisdokumente). Während Vorgabedokumente definieren, wie etwas auszuführen ist, geben Nachweise an, wie, wann, durch wen und/oder unter welchen Bedingungen Tätigkeiten ausgeführt wurden. Nachweisdokumente sind insoweit z. B. ausgefüllte Checklisten oder Formblätter, Nachweiszertifikate, Durchführungsbescheinigungen, Protokolle, dokumentierte Messergebnisse oder abgestempelte Arbeitsaufträge.

Die Art und der Umfang der dokumentierten Informationen orientieren sich an den individuellen Bedingungen des Einzelfalls und entsprechend der Anmerkung in Abschn. 7.5 der Norm) an der

- Organisationsgröße, der Art der Tätigkeiten sowie der Produkte und Dienstleistungen,
- Prozesskomplexität,
- Qualifikation des Personals.

Ein klassisches QM-Handbuch ist übrigens nicht (mehr) vorgeschrieben.

## 7.5.2 Erstellen und Aktualisieren

Sämtliche Dokumente müssen ein strukturiertes Freigabeverfahren durchlaufen, bevor diese in der Organisation offiziell verbreitet werden dürfen. So soll verhindert werden, dass nicht qualifizierte bzw. nicht autorisierte Mitarbeiter ungeeignete Vorgaben in die Organisation steuern. Bei der Erstellung ist neben einer angemessenen Kennzeichnung (Titel, Datum, Ersteller, Rev.Status, etc.), dem Format auch auf eine ordentliche Prüfung und schließlich die Freigabe durch eine berechtigte Person zu achten. Normenseitig spielt das Medium indes keine Rolle. Zulässig sind Papier, pdf., MS-Word, Excel, Powerpoint, Fotos, Video- oder Audiodateien.

## 7.5.3 Lenkung dokumentierter Information

Die Norm macht auch zahlreiche Vorgaben zum Umgang mit dokumentierten Informationen nach deren Freigabe, vor allem:

- Die zur Arbeitsdurchführung erforderlichen dokumentierten Informationen müssen in der Nähe des jeweiligen Arbeitsplatzes und nicht nur grundsätzlich zur Verfügung stehen,
- Neu genehmigte Dokumente sind in er Organisation bekannt zu machen und zu verteilen, um sicherzustellen, dass am Arbeitsplatz stets die letztgültige Dokumentenversion zum Einsatz kommt.

- Dokumente und Nachweise sind angemessen zu schützen und müssen lesbar bleiben. Eine größere Rolle als physische Dokumentenbeschädigungen durch unsachgemäßen Gebrauch spielt meist der Schutz vor einem technisch bedingten IT-Datenverlust sowie IT-Datendiebstahl.
- Dokumentierte Informationen sind über einen definierten Aufbewahrungszeitraum zu archivieren.
- Die Ablage dokumentierter Informationen muss eine Struktur und Ordnung aufweisen, die es ermöglicht, Daten in angemessener Zeit wiederzufinden.
- Diese Anforderungen gelten für die eigenen dokumentierten Informationen, aber auch für die von Kunden und Lieferanten.

# Betrieb 8

## 8.1 Betriebliche Planung und Steuerung

Eine langfristig, von hoher Qualität geprägte Leistungserbringung ist nur in einem Umfeld klar definierter und strukturiert gesteuerter Prozesse möglich. Im Normenkapitel 8.1 sind Vorgaben definiert, die helfen sollen, einen systematischen Rahmen für die betriebliche Entwicklung, Herstellung und Beschaffung sowie für die Kundeninteraktion zu etablieren.

*Produkt und Dienstleistung* Die Leistungserbringung muss systematisch geplant werden. Mit der Definition der Kernprozesse wird das Gerüst der Wertschöpfung definiert. Die erforderliche Prozessunterstützung, z. B. durch Arbeitskarten- und Archivierungssysteme, IT-Unterstützung oder Bestimmung der Fremdvergabe, ist ebenfalls festzulegen.

*Prüfaktivitäten* Die Qualität muss im Zuge der Leistungserbringung hinreichend geprüft werden. In diesem Zuge ist zu definieren, wann die erstellte Leistung den Soll-Vorgaben entspricht (Festlegung von Messwerten und Toleranzen).

*Ressourcen* Es ist zu gewährleisten, dass die notwendigen Ressourcen wie Personalkapazität, technische Ausrüstung und Räumlichkeiten, aber auch Software und finanzielle Mittel vorhanden sind, um die Leistungserbringung anforderungsgerecht auszuführen. Dies umfasst betriebliche Produktionsfaktoren (Personal, Räumlichkeiten, Betriebsmittel, IT) sowie extern zu beschaffende Produkte und Dienstleistungen (z. B. Material, Zutaten, Betriebsstoffe, Geräte, Leihpersonal, Konstruktionen, etc.).



M. Hinsch, *Die ISO 9001:2015 – das Wichtigste in Kürze*, essentials,
https://doi.org/10.1007/978-3-658-24830-7_8

*Steuerung* Die Leistungserbringung muss entsprechend den festgelegten Prozessen nicht nur durchgeführt, sondern auch gesteuert und überwacht werden.

*Dokumentierte Informationen* Dokumente und Aufzeichnungen müssen in angemessenem Umfang vorliegen bzw. erstellt werden, damit die Wertschöpfung in der vorgesehenen Weise durchgeführt und nachgewiesen werden kann. Detaillierte Vorgaben werden in den Unterkapiteln beschrieben.

Auch bei ausgelagerten Prozessen (Outsourcing) muss die Organisation sicherstellen, dass die Kundenanforderungen und die relevanten Vorgaben der Norm vom Lieferanten erfüllt werden.

Die Anforderungen des Abschn. 8.1 nehmen größtenteils im weiteren Verlauf des Kapitels 8 im Detaillierungsgrad zu.

## 8.2 Anforderungen an Produkte und Dienstleistungen

### 8.2.1 Kommunikation mit dem Kunden

Es müssen hinreichende Kommunikationsstrukturen mit dem Kunden etabliert sein. Dabei muss sichergestellt werden, dass Informationen zu den Produkt- bzw. Dienstleistungseigenschaften für (potenzielle) Kunden verfügbar sind. Während Auftragsanbahnung und -abschluss muss ein angemessener Austausch mit dem Kunden stattfinden. Während und nach der Leistungserbringung ist von der Organisation Kundenfeedback systematisch aufzunehmen und zu verarbeiten – gerade auch Beschwerden und Reklamationen.

### 8.2.2 Bestimmen von Anforderungen an Produkte und Dienstleistungen

Zu wissen, was der Kunde will, ist Voraussetzung dafür, eine Geschäftsbeziehung zu initiieren und die Kundenerwartungen zu erfüllen. Kundenbedürfnisse zu erkennen und umzusetzen, ist ein wesentlicher Faktor, um der Kundenzufriedenheit gerecht zu werden. Insoweit muss auch im Audit nachvollzogen werden können, wie die Organisation sich in der Lage sieht, die Anforderungen an die von ihnen angebotenen Leistungen zu erfüllen.

### 8.2.3 Überprüfung von Anforderungen an Produkte und Dienstleistungen

Um ein Angebot abgeben zu können, erhält die Organisation vom potenziellen Kunden eine Artikelnummer oder eine Beschreibung der Leistungs- bzw. Auftragsanforderungen in Form einer Spezifikation bzw. eines Lastenhefts. Ziel der Kundenspezifikation ist es, eine möglichst vollständige, schlüssige und eindeutige Beschreibung der zu erbringenden Leistung zu erhalten.

In der Großserien- oder Massenfertigung sind die anzuwendenden Anforderungen nur generisch zu prüfen. Bei individuellen Kundenanfragen muss die Anfrage zunächst in sinnvolle Einzelanforderungen zerlegt werden. Bei Zweifeln oder Unklarheiten im Rahmen der Ermittlung von Einzelanforderungen ist der Kunde zu konsultieren.

Die Bewertung der Produkt- und Dienstleistungsanforderungen umfasst neben der technischen Machbarkeit eine angemessene Beurteilung der Kapazitätsverfügbarkeit, eine Prüfung der pünktlichen Lieferfähigkeit, eine Risikoeinschätzung und ggf. eine mindestens grobe Projekt- bzw. Auftragsplanung.

In einem Zertifizierungsaudit wird üblicherweise die Dokumentation zur technischen und kapazitiven Bewertung einer Kundenanfrage geprüft. Bei größeren Vertriebsaktivitäten muss zudem damit gerechnet werden, dass auch die Identifizierung und Bewertung der auftragsspezifischen Risiken geprüft wird.

### 8.2.4 Änderung von Anforderungen an Produkte und Dienstleistungen

Änderungen im Angebotsprozess müssen umgehend in die Dokumentation zur Auftragsanbahnung eingepflegt und damit die Anforderungen vorheriger Revisionen überarbeitet werden. Auch sind sie innerbetrieblich bei den Beteiligten bekannt zu machen, um Kenntnis und Bewusstsein für den jeweils letztgültigen Änderungsstatus zu schaffen.

## 8.3 Entwicklung von Produkten und Dienstleistungen

### 8.3.1 Allgemeines

Am Beginn eines jeden Produkt-Lebenszyklusses steht die Entwicklungsphase, die dazu dient, eine Idee in ein marktreifes Produkt zu verwandeln. Nach der

Markteinführung spielen Entwicklungsaktivitäten erneut eine Rolle, wenn Modifikationen, Erweiterungen oder umfangreiche Reparaturen am Ursprungsprodukt vorgenommen werden. Eine steuerungswürdige Phase der „Produkt“-Entwicklung kann auch bei Dienstleistungen erforderlich werden, z. B. in der medizinischen Forschung, bei der EDV-Programmierung oder in Konstruktionsbüros.

Organisationen, die Entwicklungsleistungen zu ihrem Aufgabenportfolio zählen, müssen diese unter beherrschten Bedingungen durchführen und daher einen Entwicklungsprozess etablieren und anwenden.

Abschn. 8.3.1 enthält keine spezifischen Vorgaben. Die Anforderungen dieses Abschn. 8.3.1 gelten erfüllt, sobald alle anderen Anforderungen zur Entwicklung umgesetzt wurden.

### 8.3.2 Entwicklungsplanung

Wirtschaftliche und terminliche Entwicklungsziele können nur durch systematische Vorbereitung erreicht werden. Die Entwicklung als Ganzes und die einzelnen Entwicklungsabschnitte müssen im Hinblick auf Umfang, Aufgabe und Ziel nachvollziehbar formuliert und die erwarteten Ergebnisse klar definiert werden. In der betrieblichen Praxis wird dazu auf das Projektmanagement zurückgegriffen. Den Ausgangspunkt bildet dazu i. d. R. ein Projekt- oder Kundenauftrag, auf dessen Basis ein Projektplan erstellt wird. Dieser gibt vor, was, wann und von wem zu tun ist. Er gibt Auskunft über Ressourcenbedarfe, Termine und Verantwortlichkeiten, Projektphasen sowie Prüfungen und Meilensteine. Ein solcher Plan muss eine Detailtiefe aufweisen, die die spätere Steuerung und Überwachung des Entwicklungsprojekts möglich macht. Die Norm weist daraufhin, dass unter Umständen auch Kunden, Lieferanten, Design Partner und andere Nutzer in den Entwicklungsprozess einzubeziehen sind.

Im Zertifizierungsaudit wird üblicherweise ein aktuelles oder gerade abgeschlossenes Projekt in Augenschein genommen, dabei muss dargelegt werden können, dass die Entwicklung unter beherrschten Bedingungen stattfindet.

### 8.3.3 Entwicklungseingaben

Ausgangspunkt einer Entwicklung sind dokumentierte Vorgaben und mündliche Informationen, die klar aufzeigen oder z. T. auch nur Hinweise darauf geben, was das Ziel der Entwicklungsaktivitäten ist bzw. sein soll. Eingaben sind Inputs der

Entwicklung und bilden in ihrer Summe eine Beschreibung der geplanten Entwicklungsleistung. Mögliche Eingaben sind u. a.:

- Leistungsmerkmale (z. B. Maße, Gestaltung, Eigenschaften, Gewicht/Menge, Leistung, Komfort, Preis),
- Qualifikation (z. B. Zuverlässigkeit, Reaktionsgeschwindigkeit, Optik, Toleranzen, Gewicht, Sauberkeit),
- Vorgaben an Qualität, Kosten, Datenschutz, Liefertermine, Instandhaltung, Material oder Transport und Lagerung,
- Ergebnisse aus Marktanalysen,
- Umweltschutz- und Gefahrstoffvorgaben,
- Normen oder allgemein anerkannte Teststandards/Verfahrensstandards,
- Gesetzliche und behördliche Vorgaben.

In der betrieblichen Praxis lassen sich dabei verschiedene Anforderungsstufen wie Muss-, Soll-, Kann- und Abgrenzungskriterien unterscheiden.

### 8.3.4 Entwicklungssteuerung

Es muss sichergestellt werden, dass die Entwicklungsergebnisse vollständig, nachvollziehbar und verständlich sowie korrekt und widerspruchsfrei definiert sind.

Sobald die Entwicklungsprojekte in ihrer Umsetzung gestartet sind, müssen diese nicht nur inhaltlich, sondern auch kapazitiv und terminlich gesteuert und kontinuierlich den erwarteten Ergebnissen gegenübergestellt werden. Neben der täglichen oder wöchentlichen operativen Entwicklungssteuerung müssen Entwicklungsvorhaben auch von der Organisationsleitung (Management) in Entwicklungsprüfungen überwacht werden. In diesen Reviews wird die Entwicklung in ihrem Status und Verlauf gegen die Vorgaben der Entwicklungsplanung und den Entwicklungseingaben systematisch geprüft. Die Abarbeitung der identifizierten Probleme und Risiken ist so zu gestalten, dass die entsprechenden Aktivitäten im Zuge des nächsten Reviews nachvollziehbar sind.

**Entwicklungsverifizierung und -validierung**
Wenn ein Entwicklungsabschnitt oder die Entwicklungstätigkeiten abgeschlossen wurde, muss die entwickelte Lösung einer Kontrolle unterzogen werden. Im Vordergrund der Verifizierung steht eine fachlich-technische Nachweisprüfung im Hinblick auf die Erfüllung der Entwicklungsanforderungen (Eingaben).

Methodisch kann die Verifizierung mittels Unterlagenprüfungen, Kalkulationen, Berechnungen und Analysen, sowie Simulationen, Inspektionen oder Tests erfolgen.

Zu den Entwicklungsverifizierungen sind dokumentierte Informationen in Form von Vorgabe- und Nachweisdokumenten anzufertigen, zudem bieten sich Checklisten und Formblätter an.

Während bei der Verifizierung gegen die Spezifikation geprüft wird, erfolgt bei der Validierung eine Prüfung gegen die ursprüngliche Zweckbestimmung des Auftraggebers (z. B. Kunden) sowie gegen behördliche oder gesetzliche Vorgaben. Die Methoden der Validierung können denen der Verifizierung entsprechen. Überdies kann es sich um Pilotprojekte, Feldstudien, Tests an Prototypen und/ oder um Tests an systemintegrierten Bauteilen handeln. Die Validierungsmethodik ergibt sich dabei i. d. R bereits aus der Kundenspezifikation. Nicht selten ist die Validierung nicht Bestandteil einer Entwicklung, da Kunden vielfach darauf bestehen, diese selbst durchzuführen.

### 8.3.5 Entwicklungsergebnisse

Es muss am Ende sichergestellt sein, dass die Entwicklungsergebnisse den Entwicklungsvorgaben gerecht werden. Die Entwicklungsergebnisse müssen dabei einen Detaillierungsgrad aufweisen, mit dem es möglich ist, die entwickelte Leistung ohne Rückfragen in gleichbleibender Qualität herzustellen bzw. auszuführen. Bisweilen empfehlen Auditoren bei Erstellung von Entwicklungsunterlagen auf betriebliche oder branchentypische Standards zurückzugreifen, z. B.:

- Vorgaben zum Format und Aufbau der Entwicklungsunterlagen,
- Referenz auf Standard Procedures statt eigener Vorgaben,
- Verwendung von Formblättern oder Checklisten
- Anwendung von Textbausteinen, Verwendung von simplified English.

Einen wesentlichen Teil der Entwicklungsergebnisse umfassen in aller Regel Herstellungs-, Test- oder Ausführungsvorgaben sowie Betriebs- und Instandhaltungsanweisungen. Bei diesen Dokumenten handelt es sich z. B. um:

- Spezifikationen, Zeichnungen, Kalkulationen, Muster, Fotos, Verträge, Software, Layouts, Entwürfe, Schematics, Schaltpläne sowie sonstige System- oder Bauteilbeschreibungen, die die Konfiguration und die Konstruktionsmerkmale des Produkts oder der Dienstleistung definieren,

- Hinweise zu Prozessen, Verfahren, Handlungsanweisungen, Fertigungstechniken sowie Instruktionen zu Installationen oder zur Produktbearbeitung, Vorgaben zur Beschaffung und Lagerung,
- Materialstücklisten und Angaben zur Beschaffenheit der einzusetzenden Werkstoffe,
- Prüfanweisungen einschließlich erforderlicher Testschritte, zulässiger Ergebnisse und Toleranzen sowie zugehöriger Prüfvorrichtungen

### 8.3.6 Entwicklungsänderungen

Entwicklungsänderungen müssen in strukturierter und nachvollziehbarer Weise ausgearbeitet werden. Unabhängig von Art und Umfang der Änderung gliedert sich der zugehörige Entwicklungsprozess im Normalfall in folgende Bestandteile:

- Initiierung und Beauftragung
- Bewertung (insb. auch Prüfung der Auswirkungen und Risikoanalyse)
- Genehmigung bzw. Freigabe
- Umsetzung, Überwachung und Dokumentation

Im Zuge der Initiierung sollten die Vorteile, Risiken und technischen Auswirkungen genannt sowie eine erste Schätzung zu zeitlichem Aufwand und Kosten beschrieben sein. Geben die Verantwortlichen die geplante Änderung frei, beginnt die detaillierte Entwicklungsausgestaltung und deren Überwachung. Dokumentierte Informationen (d. h. Vorgaben oder Nachweise) sind mindestens zu den Änderungen selbst, den zugehörigen Bewertungen, den Genehmigungsbedingungen sowie zu Maßnahmen gegen unerwünschte Vorkommnisse anzufertigen. In der Grundstruktur unterscheiden sich die Anforderungen an Entwicklungsänderungen damit nicht von Erstentwicklungen und orientieren sich an den Vorgaben 8.3.1 bis 8.3.5.

## 8.4 Kontrolle von extern bereitgestellten Prozessen, Produkten und Dienstleistungen

Zur Leistungserbringung reicht es i. d. R nicht aus, dass Organisationen nur auf eigene Ressourcen zurückzugreifen. Durch die stetig zunehmende Spezialisierung gewinnen zugekaufte Dienstleistungen und ausgelagerte Prozesse seit Jahren mehr und mehr an Bedeutung.

Im Zuge der Beschaffung sind Begrifflichkeiten zu beachten, denn statt Beschaffung verwendet die Norm den Begriff der Bereitstellung. Zudem werden Lieferanten als externer Anbieter bezeichnet. Hierunter sind dann alle Arten von Subunternehmern bzw. Dienstleister für ausgelagerte Prozesse, Fremdfirmen, verbundene Unternehmen, wie z. B. Tochter-, Schwester- oder Muttergesellschaften (außerhalb des eigenen Zertifizierungsumfangs) subsumiert.

### 8.4.1 Allgemeines

Zu Beginn einer Beschaffung müssen Anforderungen an den externen Anbieter formuliert, geprüft und während der folgenden Leistungserbringung überwacht werden. Die wichtigsten Beschaffungsanforderungen sind üblicherweise:

- Produktmerkmale und Service
- Preis und Lieferbedingungen
- Flexibilität und Lieferzeiten
- die allgemeine Qualitätsfähigkeit des Lieferanten

Die Norm fordert ein systematisches Vorgehen zur Bewertung, Auswahl und Überwachung der Lieferanten. Vor Auftragsvergabe ist die Qualifikation üblicherweise mittels Lieferantenfragebogen, Angebotsqualität, Probelieferungen oder Audits zu prüfen. Auf dieser Basis muss eine nachvollziehbare Freigabeentscheidung getroffen werden.

Externe Anbieter müssen fortwährend überwacht und periodisch, d.h. alle zwei bis drei Jahre im Hinblick auf ihre Qualitätsfähigkeit neu beurteilt werden. Dies erfolgt üblicherweise durch Messung von Wareneingangsbefunden oder Dienstleistungs-/Servicequalität, Reklamationen oder der Termintreue. Weitere Möglichkeiten der laufenden Lieferantenbewertung sind z. B. Lieferantenaudits oder Materialprüfungen. Wichtig ist, dass ein Vorgehen mit objektiven Kriterien für Art und Umfang der Lieferantenbeurteilung und -freigabe existiert. Auch muss ein systematisches Vorgehen bestimmt sein, das greift, wenn externe Anbieter nicht den Qualitätserwartungen gerecht werden.

Von einer systematischen Überwachung sind nur die Leistungen und deren Anbieter exkludiert, welche keinen Einfluss auf die eigenen Produkte und Leistungen nehmen (i. d. R. Büromaterial).

### 8.4.2 Art und Umfang der Kontrolle

Die Organisation muss als Auftraggeber sicherstellen, dass die fremdvergebene Leistung eine Qualität aufweist, die es ihr erlaubt, volle Verantwortung für das Produkt oder die Dienstleistungen zu übernehmen. Insoweit sind die zugelieferten Produkte und Dienstleistungen sowie ggf. auch die zugehörigen Wertschöpfungsprozesse des externen Anbieters zu überwachen. Art und Umfang werden dazu durch die individuellen Bedingungen und Fähigkeiten des externen Anbieters einerseits sowie die von diesem zugelieferten Produkten und Dienstleistungen andererseits bestimmt. Folgende Aspekte beeinflussen den Überwachungsumfang während bzw. am Ende einer Leistungserbringung:

a) die Art der Produkte oder des auszuführenden Leistungspakets. Der Umfang hängt davon ab, ob die Leistungserbringung durch einen stabilen, simplen, ggf. sich wiederholenden Wertschöpfungsprozesse gekennzeichnet ist oder ob es sich um ein komplexes, mäßig transparentes Arbeitspaket handelt.
b) die Erfahrungen der Organisation mit dem externen Anbieter. Eine Reduzierung des Überwachungsaufwands ist zulässig, wenn nachweislich erkennbar ist, dass der externe Anbieter ein wirksames Qualitätssystem mit entsprechenden Überwachungs- und Prüfmaßnahmen etabliert hat.

Notwendige Kontrollen können dabei von stichprobenweisen Abnahmen/Endkontrollen (z. B. Norm- und Standardteilen oder im Reinigungsgewerbe, in der Massenfertigung, bei altbekannten Lieferanten) bis zur laufenden Begleitung der Leistungserbringung und detaillierten Abnahmeprüfungen reichen (z. B. Schiffbau, Baugewerbe, komplexe Ingenieurdienstleistungen oder neuen Lieferanten kritischer Bauteile).

### 8.4.3 Informationen für externe Anbieter

Wichtigstes Kriterium bei zugekauften Produkten und Dienstleistungen ist deren Übereinstimmung mit den Beschaffungsanforderungen. Besonderes Augenmerk gilt insofern den Beschaffungsangaben in der Bestellung (Beauftragung, Spezifikation, Vertrag u. ä.), da mit diesen das zu beschaffende Produkt gegenüber dem Lieferanten eindeutig definiert wird. Typischerweise erfolgt dies mittels Katalogbeschreibung und Bestellnummer des Lieferanten. Bei nicht standardisierten Produkten und Dienstleistungen wird auf Spezifikationen zurückgegriffen, diese müssen möglichst präzise sein.

Im Vordergrund steht zunächst die Beschreibung der durch den externen Anbieter zu erbringenden Leistung oder des Produkts (8.4.3 a) sowie zugehörige Mess- und Prüftätigkeiten. Darüber hinaus ist aber z. B. auch in der Bestellung zu dokumentieren welche besonderen Anforderungen an die Herstellungsprozesse (z. B. bei speziellen Prozessen) sowie Versand-, Lagerungs- und Transportbedingungen erwartet werden. Bei einer Fremdvergabe von Tätigkeiten oder Prozessen kann auch die (formale) Qualifikation des vom Lieferanten eingesetzten Personals eine Rolle spielen.

Weitere typische Bestellanforderungen können zum Beispiel die Verpflichtungen des Lieferanten sein:

- bei eigenen Untervergaben (Lieferkaskade) eine Genehmigung durch den Auftraggeber einzuholen und an den Unterlieferanten die gleichen Qualitätsanforderungen zu stellen.
- über Änderungen an Bezugsquellen zu informieren,
- Änderungen am zugelieferten Produkt oder an der Leistung mitzuteilen,
- ein nach der ISO 9001er Normenreihe zertifiziertes QM-System zu unterhalten.

## 8.5 Produktion und Dienstleistungserbringung

### 8.5.1 Steuerung der Produktion und Dienstleistungserbringung

In Abschn. 8.5.1 werden zusammenfassend die wesentlichen Anforderungen an eine systematisch organisierte Produktion und Dienstleistungserbringung formuliert. Im Vordergrund steht die Schaffung beherrschter Bedingungen. Die Leistungserbringung muss also geplant und strukturiert durchgeführt, kontrolliert sowie angemessen dokumentiert werden. Dies setzt voraus, dass vor allem

- alle notwendigen Produkte, Leistungen, Prozesse und Tätigkeiten mittels Vorgaben und Anweisungen definiert sind, damit dem Personal unmissverständlich klar ist, was, womit, wie zu leisten ist und welche Eigenschaften und Merkmale die Leistung am Ende der Bearbeitung aufweisen soll,
- eine strukturierte Planung, Überwachung der Leistungserbringung sowie eine Prüfung der Produkte und Dienstleistungen stattfindet,
- die erforderliche Infrastruktur und das Equipment verfügbar ist und genutzt wird. Darüber hinaus müssen akzeptable Umgebungsbedingungen vorliegen,

- das Personal für die Durchführung der zugewiesenen Arbeiten ausreichend qualifiziert ist und Maßnahmen zur Vorbeugung von menschlichen Fehlern ergriffen werden. Damit wird das wichtige Feld der Human Factors Berücksichtigung im Normentext berücksichtigt,
- eine regelmäßige Validierung etwaiger spezieller Prozesse sichergestellt wird.

## 8.5.2 Kennzeichnung und Rückverfolgbarkeit

**Kennzeichnung**
Zertifizierte Organisationen müssen in der Lage sein, jederzeit eine sichere Identifikation ihrer Produkte und Dienstleistungen einschließlich des aktuellen Bearbeitungszustands bzw. Fertigstellungsgrads zu gewährleisten. Begleitdokumentation verbleibt über den Zeitraum der Leistungserbringung oder Lagerung am Produkt. Nach Abschluss wird sie bei Bedarf der Archivierung zugeführt und bei Versand ggf. durch ein Zertifikat oder eine Abnahmebestätigung ergänzt.

**Rückverfolgung**
Für externe Zukäufe von Teilen des Produkt- oder Leistungsspektrums müssen Organisationen gegenüber ihren eigenen Kunden qualitätsseitige und haftungsrechtliche Verantwortung übernehmen. Immer mehr Organisationen fordern dafür Rückverfolgbarkeit (engl.: Tracebility) bei der Leistungserbringung ihrer Lieferanten ein. Rückverfolgbarkeit ist jedoch nicht zwingend erforderlich, sondern hängt davon ab, ob dies vom Kunden, durch Gesetzgeber oder Behörden gefordert wird.

Bei der Rückverfolgbarkeit von Produkten bedeutet dies für die Materialwirtschaft, dass diese für die verbauten Teile, Materialien und Stoffe von der Herstellungs- beziehungsweise Ursprungsquelle bis zum Einbau, zur Verschrottung oder zum Eigentumsübergang rückverfolgbar sein müssen. Zudem sind alle Produktbewegungen und Bearbeitungsvorgänge sind zu dokumentieren. Das bedeutet z. B., dass:

- Rückverfolgbarkeit bis auf die Seriennummer bzw. Badge- sowie Chargen- oder Losnummer zu ermöglichen ist.
- Nachvollziehbarkeit des Produktwerdegangs sicherzustellen ist und Unterschiede zwischen dem Soll- und Ist-Zustand des Produkts aufzuzeigen sind.
- alle Produkte, die aus einem Rohstoff- oder Fertigungslos hergestellt wurden, von der Einkaufsquelle bis zur Auslieferung oder Verschrottung zurück verfolgbar sein müssen.

### 8.5.3 Eigentum der Kunden oder der externen Anbieter

Materielles oder immaterielles Eigentum von Kunden, Zulieferern und Partnern ist in den meisten Organisationen zu finden und damit Bestandteil der täglichen Praxis. Materielles Fremdeigentum spielt vor allem im Hinblick auf Kundenbeistellmaterial sowie bei Reparaturrückläufern, Produktmodifikationen und Vor-Ort-Service-Einsätzen eine Rolle. Bei geistigem Kundeneigentum handelt es sich vielfach um elektronische und papierbezogene Entwicklungsdokumentation (Zeichnungen, Analysen, Stücklisten etc.) oder um Herstellungsanweisungen. Für den Umgang mit fremdem Eigentum muss jede Organisation Regeln definieren. Die Zustands- und Vollständigkeitsprüfung bei Besitzübernahme gehört zum Standard-Vorgehen. Im Anschluss muss ein angemessener Schutz vor dem Zugriff Unbefugter sowie vor Zustandsverschlechterung durch die Umgebungsbedingungen (Staub, ESD, UV-Licht, etc.) sichergestellt werden. Besteht die Gefahr falscher Anwendung oder Handhabung sind ggf. Hinweise bereitzustellen oder Einweisungen durchzuführen. Auch muss Fremdeigentum gekennzeichnet bzw. als solches erkennbar sein.

### 8.5.4 Erhaltung

Das Normenkapitel 8.5.4 legt Anforderungen an den allgemeinen Umgang mit den Produkten und Dienstleistungen im betrieblichen Verfügungs- und Verantwortungsbereich fest. Jede Organisation muss Aktivitäten und Maßnahmen nachweisen, die darauf abzielen, eine Verschlechterung der Prozessergebnisse zu verhindern und die Einhaltung der Kundenanforderungen aufrechtzuerhalten. Im Vordergrund stehen bei Produkten Vorgaben an deren Handhabung und Lagerung sowie an Transport, Verpackung und Versand. Bei Dienstleistungen geht es z. B. um Datenverlust oder Schutz vor unbeabsichtigten Änderungen, der Einhaltung von Hygiene- oder Sicherheitsvorgaben.

**Handhabung und Transport**

- Ordnung und Sauberkeit im den Arbeitsbereichen. Dokumentation sollte geordnet und Gegenstände bei längerem Nichtgebrauch geschützt und zum vorgesehen Ablageplatz zurückgebracht werden.
- Minimierung von Verschmutzungen und Fremdkörpern,
- Sicherstellung eines fachgerechten Arbeitsumfelds, z. B. durch ESD-geschützte Bereiche,

- Die Fertigung von Produkten ist nur an vorgesehenen Arbeitsplätzen durchzuführen.
- Beachtung von Transport- und Verpackungsvorgaben für empfindliche Teilen und Materialien.

**Lagerung**
- Festlegung Lagervorgaben und Lagerbedingungen, Verfolgung der Ein- und Auslagerungsvorgänge sowie Warenprüfungen.
- Fehlerhaftes Lagermaterial oder solches mit unbekanntem Status ist zu kennzeichnen und in ein Sperrbereich zu verbringen, um unbeabsichtigten Gebrauch auszuschließen.
- Materialien mit begrenzter Haltbarkeit bedürfen der Lagerzeitüberwachung.
- Schutz vor Produkt- oder Materialbeschädigungen während der Lagerung bzw. der Ein- und Auslagerung,
- Gefahrstoffe sind mit einem Warnhinweis zu kennzeichnen und gesondert zu lagern und zugehörige Sicherheitsdatenblätter vorzuhalten.

### 8.5.5 Tätigkeiten nach der Auslieferung

Die Leistungserbringung endet nicht mit der Auslieferung, sondern erstreckt sich auch auf den Zeitraum danach – mindestens im Fall von Reklamationen oder Garantien. Art und Umfang der Betreuung orientieren sich vor allem am Produkt bzw. der Leistung. Die Gründe für Tätigkeiten nach Auslieferung können dabei durch den Kunden, durch den Gesetzgeber oder durch interessierte Parteien ausgelöst werden. Ursächlich sind i. d. R:

- Vertragsanforderungen,
- nicht vertraglich fixierte Erwartungshaltung der Kunden (auch Kundenfeedback),
- gesetzliche oder behördliche Anforderungen (z. B. Sicherheitsanforderungen, Überwachungen).

Nicht zuletzt können auch betriebliche Anforderungen umfangreiche Tätigkeiten nach der Auslieferung erfordern, z. B. Verfolgung der langfristigen Produkt- und Leistungsqualität. Die notwendigen Informationen können z. B. übermittelte Kundendaten zur Produkt- oder Leistungsperformance, Kundenreklamationen oder Fehleranalysen von Reparaturgeräten liefern. Die Norm fordert, dass Vorgaben nach Auslieferung erfasst und systematisch bearbeitet werden.

### 8.5.6 Überwachung von Änderungen

Produkte und Dienstleistungen sowie Prozesse und Verfahren sind nicht nur im Zuge ihrer Entwicklung und Einführung strukturiert zu steuern. Auch Änderungen erfordern ein systematisches Vorgehen. Gründe für geplante Neuausrichtungen können Modifikationen an Produkten oder Dienstleistungen, Änderungen des Produktionsablaufs, neue Maschinen und Geräte, Tools oder Software Releasewechsel, Anwendung neuer Leistungsparameter sowie die Verwendung neuer Materialien, Betriebs- oder Hilfsstoffe sein

Aus Normensicht ist es wichtig, dass Änderungen zunächst strukturiert bewertet und geplant sowie anschließend systematisch umgesetzt werden.

Die Änderungen dürfen erst freigegeben werden, wenn das geplante Ergebnis und die Aufrechterhaltung der Anforderungen von einer dazu berechtigten Person nachvollziehbar festgestellt wurde. Dazu sind Aufzeichnungen in einem Umfang zu führen, dass die Entscheidung zur Änderung sowie und der Planungs- und Umsetzungsprozess auch zu einem späteren Zeitpunkt nachvollzogen werden kann

## 8.6 Freigabe von Produkten und Dienstleistungen

Die Norm fordert ein systematisches Vorgehen für die Kontrolle von Produkt- und Dienstleistungsmerkmalen während der Leistungserbringung und insbesondere vor Kundenabnahme. Dazu muss ein strukturiertes Prüf-/Freigabevorgehen mit klar definierten Prüfvorgaben und Annahmekriterien definiert sein, das durch dafür qualifiziertes und berechtigtes Personal sichergestellt wird.

Im Rahmen von Produkt- und Dienstleistungsfreigaben sind üblicherweise die folgenden Prüfanforderungen festzulegen:

a) Annahme- bzw. Zurückweisungskriterien.
b) An welcher Stelle oder bei welchem Prozessschritt Prüfungen vorzunehmen sind.
c) Anforderungen an die Aufzeichnungen der Prüfergebnisse.
d) Vorgaben hinsichtlich anzuwendender Mess- und Testmittel sowie ggf. Anweisungen für deren Einsatz.

Zu Freigabeaktivitäten sind in angemessenem Maße Nachweise anzulegen.

Aus den Mess- und Prüfaktivitäten lassen sich übrigens brauchbare Kennzahlen für die Bewertung der Prozessleistung (vgl. Kap. 9) ableiten.

## 8.7 Steuerung nichtkonformer Ergebnisse

Allgemeine Begleiterscheinung des Organisationsgeschehens ist eine gelegentlich unsachgemäße Leistungserbringung. Diese kann in den Prozessen der eigenen Wertschöpfung, bei Zulieferern oder Partnern geschehen. Entstehen dadurch Mängel oder Schäden besteht Handlungsbedarf. Im Vordergrund steht dabei neben einer Schadensbegrenzung, die Fehlerbehebung durch Ersatz oder durch Korrektur- (und Service-) Maßnahmen, um den Schaden beim Kunden möglichst gering zu halten.

Wurde ein fehlerhafter Prozess, ein mangelbehaftetes Produkt oder eine Dienstleistung identifiziert, sind Sofortmaßnahmen zu ergreifen. Hierzu zählt die Aussonderung und eindeutige Kennzeichnung des betroffenen Gegenstands und ggf. ein Stopp am betroffenen Arbeitsschritt oder die Sperrung der zugehörigen Material-Charge. Die Fehlerbehebung erfordert sowohl eine Ursachensuche und -analyse als auch die Bestimmung des Fehlerumfangs.

Grundsätzlich kommen für den Umgang mit fehlerhaften Produkten oder Leistungen folgende Handlungsalternativen infrage:

- Verwendung im Ist-Zustand,
- Neueinstufung (z. B. wegen eingeschränkter Verwendung),
- Korrektur bzw. Nacharbeit,
- Rücksendung an den Lieferanten,
- Verschrottung/Vernichtung

Im Falle von Nacharbeit und Reparatur muss das Produkt oder die Dienstleistung vor der Sonderfreigabe nochmals verifiziert werden. Entspricht das Produkt nach Sonderfreigabe nicht mehr der vereinbarten Spezifikation, muss der Kunde in die Vorgehensentscheidung eingebunden werden.

Über Nichtkonformitäten und den Umgang mit ihnen müssen Aufzeichnungen in einem Umfang geführt werden, dass die Entscheidungsfindung auch zu einem späteren Zeitpunkt nachvollzogen werden kann.

# 9 Bewertung der Leistung

## 9.1 Überwachung, Messung, Analyse und Bewertung

### 9.1.1 Allgemeines

Während und nach der Leistungserbringung sind Prozesse und Wertschöpfung dahin gehend zu überwachen und zu messen, ob diese die geplanten Ergebnisse erreichen. Im Vordergrund steht hier also das „C" (Check) des PDCA Zyklus. Art, Umfang und Häufigkeit der Überwachung und Messung müssen definiert sein und an der Organisationsgröße und dem Leistungsportfolio ausgerichtet werden. Im Hinblick auf die Häufigkeit wird es notwendig sein, einige Messungen täglich im Zuge der Leistungserbringung vorzunehmen (z. B. Abnahmeprüfungen), andere Messungen brauchen indes nur quartalsweise oder alle 6 Monate vorgenommen werden.

Insoweit müssen geeignete Messmethoden bzw. Kennzahlen vorliegen und Erhebungshäufigkeiten bestimmt werden. Je nach Organisationsgröße und Leistungsportfolio können dazu z. B. folgende Kennzahlen festgelegt werden:

- Maschinenausfallzeiten, alternativ auch Maschinenauslastung,
- Verschnitt, Ausschuss, Nacharbeiten,
- Durchlauf- und Bearbeitungszeiten,
- Stempelquote der Mitarbeiter oder Verbuchungsrate auf Aufträge,
- Zeitspanne von Auftragseingang bis Auslieferung,
- Reklamationsrate, Fehlerstatistiken aller Art, Cost of Non-Quality,
- Auslieferungszeiten, Warte- und Liegezeiten,
- Fluktuationsrate des Personals,
- IT-Ausfallzeiten.



M. Hinsch, *Die ISO 9001:2015 – das Wichtigste in Kürze,* essentials,
https://doi.org/10.1007/978-3-658-24830-7_9

### 9.1.2 Kundenzufriedenheit

Die Erreichung und Verbesserung der Kundenzufriedenheit ist ein Kernanliegen der ISO 9001. Daher ist diese regelmäßig zu bestimmen. Den Ausgangspunkt dafür bildet die Bestimmung von Parametern, Kennzahlen und Intervalle der Kundenzufriedenheitsmessung. Typische Kriterien/Kennzahlen sind:

- die Pünktlichkeit der Lieferleistung (On-time-Delivery, OTD),
- die Produktkonformität (z. B. durch Abnahmetests oder Rate der Reklamationen),
- Inanspruchnahme von Garantien, Beschwerden von Kunden,
- Befragungen,
- Auftrags- oder Umsatzentwicklungen.

Werden Defizite in der Kundenzufriedenheit identifiziert, so muss entsprechend den Anforderungen der Abschn. 10.2 bzw. 10.3 ein systematisches Vorgehen initiiert werden.

### 9.1.3 Analyse und Beurteilung

Aus der Analyse und Bewertung der erhobenen QM-Daten sind durch strukturierte Datenauswertung unmittelbare Aussagen zur Produkt-, Dienstleistungs- und Prozessqualität, zur Kundenzufriedenheit sowie zur Leistungsfähigkeit des QM-Systems abzuleiten. Entsprechend Normenkapitel 9.1.3 müssen folgende Daten ausgewertet werden:

a) *Produkte und Dienstleistungen:* z. B. Produktprüfungen, Inanspruchnahme von Garantien, Aufforderung zu Korrekturmaßnahmen,
b) *Kundenzufriedenheit:* z. B. Verkaufszahlen, Art und Anzahl von Korrekturmaßnahmen und Kundenbeschweren, Befragungen und Feedback,
c) *Leistungsfähigkeit des QM-Systems:* Umsetzungsgeschwindigkeit von Auditbeanstandungen, Cost-of-non Quality
d) *Planungsqualität:* Termineinhaltungen oder Ressourcenausnutzung: z. B. Plan zu Ist-Stunden, On-time-Delivery,
e) *Risiken und Chancen:* Planabweichungen in Stunden/Tagen, Nacharbeit, Stillstandzeiten,
f) *Lieferantenperformance:* z. B. Ermittlung der On-time-Delivery, Wareneingangsbefunde, Kosten, Innovationsfähigkeit,
g) *Betriebliches Verbesserungswesen:* z. B. zurückliegende Entwicklungen zu den hier genannten Beispielen.

Die Ergebnisse liefern entweder den Nachweis der Erfüllung aller Qualitätsanforderungen oder sie bilden den Ausgangspunkt für die Initiierung von Verbesserungsmaßnahmen (Abschn. 10.3). Überdies sind die Ergebnisse der Datenanalyse ein wichtiger Input für die Managementbewertung (Abschn. 9.3).

## 9.2 Internes Audit

Interne Audits dienen dem Zweck zu prüfen, ob die betrieblichen Prozesse und Verfahren in der täglichen Praxis gelebt und den Anforderungen der ISO 9001 sowie aller weiteren Vorgaben gerecht werden. Mit dem Audit hat die Geschäftsführung ein Instrument mit strukturierter und unabhängiger Untersuchungssystematik an der Hand, das Informationen über die Wirksamkeit und die Leistungsfähigkeit des QM Systems liefert. Zugleich lassen sich mithilfe der internen Auditierung Schwachstellen und Zielabweichungen in der betrieblichen Aufbau- und Ablauforganisation aufdecken und Verbesserungsmaßnahmen initiieren.

Über ein Auditprogramm wird die interne Auditierung strukturiert. Ziel ist es, dass alle Bestandteile des QM-Systems regelmäßig, mindestens all 3 Jahre auf Normeneinhaltung geprüft werden.

Bei der Auditdurchführung ist darauf zu achten, dass interne Auditoren unabhängig und neutral bleiben und nicht ihr eigenes Tätigkeitsspektrum auditieren. Eine besondere Bedeutung für die Auditqualität spielt die Auditorenqualifikation. Mit ihr steht und fällt die Leistungsfähigkeit dieses Tools. Alternativ zu eigenen Auditoren ist es möglich und durchaus sinnvoll, aus Kosten- und Knowhow Gründen für 2–3 Tage pro Jahr auf die Unterstützung durch einen externen Auditor zurückzugreifen.

Wird während der Auditierung die Nicht-Erfüllung von Normenanforderungen identifiziert, so muss dies über eine Abweichung dokumentiert werden, die dann unverzüglich zu schließen ist.

Die Auditergebnisse sind einzeln oder in Form einer Zusammenfassung an das Top-Management zu übermitteln. Dies hat mindestens einmal jährlich im Rahmen der Managementbewertung zu geschehen.

## 9.3 Managementbewertung

Die Geschäftsleitung muss regelmäßig sog. Managementbewertungen (auch: Reviews) durchführen. Dieser Begriff wird dabei bisweilen missverstanden, denn es wird nicht das Management bewertet, sondern die Geschäftsführung soll die

Leistungsfähigkeit des QM-Systems beurteilen. Das Management-Review soll also der Organisationsleitung die Möglichkeit geben, sich einen aktuellen Überblick über den Status des betrieblichen Qualitätsmanagements zu verschaffen. Zugleich dient dieses Review dazu, Korrekturen und Verbesserungsmaßnahmen am QM-System anzuweisen.

Während des Reviews sollen u. a. interne und externe Themen, die Prozessleistung, die Zielerreichung, Liefertermintreue, die Lieferantenleistung sowie die betrieblichen Risiken und Chancen reflektiert werden.

Die Norm macht keine Aussagen zum Rahmen und zur Häufigkeit von Management-Reviews. Einige Themen sollten monatlich durch die Führung bewertet werden, bei anderen reicht eine jährliche Betrachtung. Die Reviews dauern in der Regel 2–4 h

Eine Managementbewertung muss stets einen Output aufweisen. Wurden Ziele oder Vorgaben nicht erreicht, so sind wirksame Maßnahmen anzuweisen und mindestens deren anfängliche Umsetzung im Zertifizierungsaudit nachzuweisen. Wichtig ist hierbei die grundsätzliche Einhaltung des Plan-Do-Check-Act Kreislaufs. Die Aufzeichnungen zum Management-Review werden bei jedem Zertifizierungsaudit geprüft.

# 10 Verbesserung

## 10.1 Allgemeines

Damit Kundenzufriedenheit und Wettbewerbsfähigkeit erhalten und ausgebaut werden, müssen Organisationen ihre Produkte und Dienstleistungen ebenso wie das QM-System selbst, wo immer möglich, verbessern. Neben den „klassischen" QM-Maßnahmen, die auf Nichtkonformitäten abzielen und unter QM-Kontrolle stattfinden, gelten auch

- Reorganisationen,
- Investition in Personalstärke oder -qualifikation sowie
- Infrastrukturmaßnahmen,
- die Neuordnung des Produktionsablaufs,
- die Anweisung einer Trainingsmaßnahme oder
- die Entscheidung zum Kauf einer neuen, leistungsfähigeren Maschine

als (strategische) Verbesserungsmaßnahmen. Ob die ständige Verbesserung formalisiert stattfindet oder weitestgehend auf mündlicher Abstimmung beruht, eine starke QM-Orientierung innehat oder unter einem anderen „Namen" mehr informell stattfindet, spielt aus Normensicht keine Rolle. Die Erwartungen des Zertifizierungsauditors sind hier i. d. R. nicht hoch gehängt. Es werden keine revolutionären Maßnahmen erwartet. Das Konzept der ständigen oder kontinuierlichen Verbesserung fußt auf kleinen Schritten.



M. Hinsch, *Die ISO 9001:2015 – das Wichtigste in Kürze*, essentials,
https://doi.org/10.1007/978-3-658-24830-7_10

## 10.2 Nichtkonformitäten und Korrekturmaßnahmen

Im betrieblichen Alltag werden Fehler oder Vorkommnisse schnell behoben, um möglichst rasch wieder auf den Pfad der Produktions- oder Leistungsziele zurückzukehren. Dabei gerät jedoch der Blick auf die tieferen Ursachen, auf Fehlermuster, wie z. B. Häufungen oder Ähnlichkeiten, ins Hintertreffen. Die Norm fordert daher, nach Identifizierung, einer Nichtkonformität Maßnahmen der weiteren Schadensbegrenzung, der Ursachenanalyse, der Behebung sowie ggf. der Vorbeugung zu ergreifen.

Im Rahmen der Fehlerbewertung soll zunächst bestimmt werden, welche Produkte und Leistungen betroffen sind. Es ist dann zu ermitteln, wie schwerwiegend der Fehler ist, insbesondere ob aufgrund des identifizierten Fehlers auch weitere Produkte oder Leistungen den Anforderungen nicht entsprechen. Ein wichtiger Schritt dafür ist die Ursachenanalyse. Damit korrigierte Fehler nicht erneut auftreten, müssen neben dem Fehlerumfang auch die Fehlerquelle, der Fehlerzeitraum, die Verantwortlichkeiten und Fehlereinflüsse ermittelt werden. Für die Ursachenanalyse und die Ableitung geeigneter Maßnahmen sollten wo angemessen, anerkannte Qualitätsmanagementmethoden wie 8-D-Reports, FMEA-Analysen, Ishikawa-Diagramme sowie das 5W-Vorgehen angewendet werden. Denn es sollen nicht nur Fehlersymptome, sondern die tatsächlichen Fehlerquellen beseitigt werden.

Sobald die Fehlerursachen und -auswirkungen vollumfänglich ermittelt wurden, sind Korrekturmaßnahmen abzuleiten und umzusetzen. Bei den Maßnahmen kann es sich z. B. handeln um:

- Anpassung von Vorgaben an die Organisationsabläufe,
- Adjustierung am QM-System,
- Neuausrichtung in Trainingsinhalten,
- Änderung von Materialvorgaben,
- Designänderungen,
- Lieferantenwechsel.

Um die Wirksamkeit der Korrekturmaßnahmen zu ermitteln (Abschn. 10.2.1 d), ist nach deren Umsetzung eine Bewertung vorzunehmen, dabei sind während des Umsetzungsprozesses etwaige Risiken und Chancen im Auge zu behalten und ggf. weitere Maßnahmen abzuleiten. Abschließend ist sicherzustellen, dass der Fehler selbst, die ergriffenen Maßnahmen sowie deren Ergebnisse dokumentiert werden.

## 10.3 Fortlaufende Verbesserung

Dieser Normenabschnitt ist eine explizit auf das QM-System ausgerichtete Aufforderung zur Verbesserung. Im Kern zielen die hier genannten Anforderungen darauf ab, die Leistungsfähigkeit des QM-Systems und somit aller an der Wertschöpfung beteiligten Prozesse systematisch und aktiv zu verbessern. Um Verbesserungen zu identifizieren, sollen Informationen aus Audits, Managementbewertungen sowie Auswertungen von Prozessmessungen und andere Qualitätsparameter helfen.

# Was Sie aus diesem *essential* mitnehmen können

- Kenntnisse um die grundlegenden Merkmale und Schwerpunkte der ISO 9001:2015
- Verständnis für Struktur, Ziele und Basisanforderungen der Norm
- Basiswissen über die Anforderungen der einzelnen Normenkapitel
- Nützliche Tipps, um die Normenanforderungen in Ihr QM-System zu übertragen
- Eine Interpretation der wichtigsten Normenanforderungen



M. Hinsch, *Die ISO 9001:2015 – das Wichtigste in Kürze*, essentials,
https://doi.org/10.1007/978-3-658-24830-7

# Literaturverzeichnis

Deutsches Institut für Normung e. V. (2015). *DIN EN ISO 9001:2015 Qualitätsmanagementsysteme – Anforderungen*. Berlin: Beuth.

Hinsch, M. (2015). *Die neue ISO 9001:2015 – Ein Praxis-Ratgeber für die Normenumstellung*. Heidelberg: Springer.

Hinsch, M. (2019). *Die ISO 9001:2015 – Ein Ratgeber für die Einführung und tägliche Praxis*. Heidelberg: Springer.



M. Hinsch, *Die ISO 9001:2015 – das Wichtigste in Kürze*, essentials,
https://doi.org/10.1007/978-3-658-24830-7

Printed in the United States
By Bookmasters